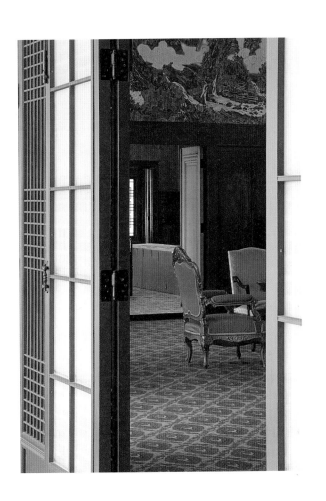

# 궁궐과 풍경

조선이 남긴 아름다움을 찾아 떠나는 시간여행

글·사진 안희선

효형출판

# 궁궐과 풍경

조선이 남긴 아름다움을 찾아 떠나는 시간여행

들어가며
# 자연스러운 아름다움

어린 시절 미디어를 통해 본 서울은 언제나 화려하고 멋진 도시였습니다. 저는 기회가 닿을 때마다 사람들에게 널리 알려진 서울 곳곳을 열심히 둘러보았습니다. 그런데 무슨 이유에서인지 마음 한구석 답답함이 사라지지 않았습니다. 아마도 하늘을 막아버린 빌딩숲 때문이었을 겁니다. 그런 그때, 답답함을 해소해 준 건 바로 궁궐이었습니다.

처음 경복궁을 마주했을 때가 떠오릅니다. 마음이 참 편안했습니다. 왜 그랬을까요? 곰곰 생각해 보니 바로 자연이 주는 포근함 덕분이었습니다. 안팎으로 푸른 자연을 두르고 있었기에 눈도 마음도 편안했던 것이죠. 거기에 자연에서 추출한 안료가 궁궐의 전각들을 오색찬란하게 감싸고 있으니 그 매력이 배로 느껴졌던 것입니다. 그렇게 선조들의 손길과 자연이 조화를 이룬 아름다운 모습에 매료돼 궁궐을 자주 거닐었습니다. 이곳에 여전히 숨 쉬고 있는 우리의 옛이야기를 찾다 보니 저는 어느새 사람들에게 궁 이야기를 전달하는 일을 하고 있습니다.

궁궐의 주인이었던 조선 왕실과 그들을 보필하던 궁인, 매일 출퇴근하던 신하는 이곳에 더는 있지 않습니다. 건축물 또한 힘겨운 시간을 걸어온 탓에 온전치 못한 것도 많습니다. 그렇다면 현재를 사는 우리에게 궁궐은 어떤 의미일까요? 궁궐에는 5백 년이 넘는 조선의 역사가 서려 있습니다. 치열한 삶을 살아간 이들의 기쁨, 슬픔, 고뇌가 곳곳에 묻어납니다. 그들이 만든 삶의 궤적은 우리에게 오늘을 열심히 살아갈 힘과 찬란한 내일을 만들어 가기 위해 필요한 지혜와 교훈이 되리라고 생각합니다. 그렇기에 우리는 지난 시간을 소중히 여겨 궁궐에 깃든 이야기를 지켜나가고 있습니다.

　　도시계획에 의해 인위적으로 조성된 조경 공간을 익숙히 여기는 현대인에게 한 폭의 병풍처럼 궁궐 주위에 펼쳐진 자연은 쉼의 순간, 사유의 기회를 선물합니다. 가볍게는 그동안의 고민을 혼자 풀어보는 것부터 자연을 대하는 옛사람들의 태도까지, 궁궐을 바라만 보고 있어도 다양한 생각이 머릿속에 맴돕니다. 이 모든 것이 가능한 까닭은 '자연스러움' 덕분이었습니다. '자연스럽다'는 '억지로 꾸미지 아니하여 이상함이 없다'를 의미합니다. 정원은 인간이 만든 기술 혹은 예술작품이 아니라 '자연의 일부'라는 선조들의 접근방식이 외부 자연 모두를 궁궐 안으로 끌어들였습니다. 그러니 목조 건축물과 주변 풍광의 조화가 일품이었던 것입니다.

　　우리의 아름다운 궁궐을 지어진 순서대로 소개하고자 합니다. 여러 이유로 훼손과 복원을 거쳤고, 시대별로 정궁으로 여겨진 궁궐이 제각기 다르기에 이 순서는 별다른 의미를 지니지는 않습니다. 그렇지만 처음 터가 잡히고 각 궁궐만의 고유한 분위기가 만들어졌기에 궁이 지어질 당시의 일과 현재 모습을 교차하여 보는 재미를 느낄 수 있을 겁니다.

　　여러분께 보여드리는 이미지들이 결코 생생한 체험보다 낫다고 할 수는 없습니다. 그저 바라는 것이 있다면, 제가 책에 담은 이미지들이 독자분들께는 보통 궁궐 사진과 다르게 색다른 관점과 특별한 감정으로 다가가면 좋겠습니다. 전통 건축과 자연 지형, 선조들이 일군 역사 그리고 저의 시선과 여러분의 공감이 만나 또 하나의 멋진 풍경이 만들어지기를 바랍니다.

　　마지막으로 우리의 역사와 문화가 일상에서 언제든 접할 수 있는 즐거움으로 다가가길 소망합니다. 콘크리트와 유리로 뒤덮인 현대 도시 서울에서 전통 목조 건축물의 집합 공간으로 여행을 떠나길 권합니다. 시공간을 뛰어넘는 '신기한 여행'을요.

2024년 3월
안희선

景福宮

# 경복궁

## 존재 그 이상의 존재감

경복궁은 '궁궐' 하면 가장 먼저 떠오르는 곳이다.
외국인이 찾는 궁궐 중에 으뜸이기도 하다.
그만큼 존재감이 크다는 의미일 것이다.
국적을 불문하고 모두를 매료시키는 우리의 대표 궁궐.
그 매력은 바로 무엇일까?

# GYEONG
# BOK
# GUNG

조선의 다섯 궁궐, 그중 가장 권위 있는 궐은 경복궁이다. 조선 왕조 창업주인 태조가 세운 궁궐이라는 점에서 가장 큰 권위를 누렸다. 궁궐 가운데 건물 규모도 가장 큰 경복궁을 중심축으로 종묘와 사직이 놓이고, 한양이라는 도시가 만들어졌다. 그래서 경복궁을 법궁 혹은 정궐이라 불렀고, 나머지는 이궁 혹은 별궁이라고 했다.

조선의 설계자인 정도전이 『시경』 주아 편에 나오는 "이미 술에 취하고 덕에 배가 불러서 군자 만년의 빛나는 복을 빈다."라는 시구에서 그 이름을 따왔다. 그래서 경복景福이라고 불리게 됐다.

찬란했던 궁궐은 그러나 임진왜란으로 전소되고 말았다. 이때 창덕궁, 창경궁 등도 모두 불에 타 버렸다. 복구 문제는 왜란 직후부터 논의됐으나 실행되지는 않았다. 조선 개국 초기, '왕자의 난' 등 왕실 내부의 비극이 일어난 곳이라 복구를 기피하는 분위기가 있었기 때문이다. 따라서 조선 중기에는 정궁 역할을 하지 못했다.

조선 말인 1867년에 다시 중건됐는데, 고종의 아버지인 흥선대원군이 주도해 5백여 동의 건물을 정비했으며 미로같이 빼곡히 들어선 웅장한 모습이었다. 아관파천인 1896년 전까지 왕궁으로 쓰였으니, 조선 전기 197년과 근대 28년을 합쳐 225년의 역사를 지닌 법궁으로 존재했다.

궁 안에는 왕과 관리들의 정무 시설, 왕족들의 생활 공간, 휴식을 위한 후원은 물론 왕비의 중궁, 세자의 동궁, 고종이 만든 건청궁 등 여러 작은 궁들이 오밀조밀 모여 있다.

일제강점기 대부분 건물이 철거돼 근정전 등 극히 일부 중심 건물만 남게 됐다. 조선 총독부는 앞에 청사를 지어 궁궐을 가렸다. 다행히 1990년부터 본격적인 복원 사업이 추진돼 총독부 건물을 철거하고 흥례문 일원이 복원됐으며, 많은 전각이 제 모습을 되찾았다. 2023년에는 광화문 월대가 복원돼 옛 조선 왕조의 위용을 다시금 우리 도시에 뽐내고 있다.

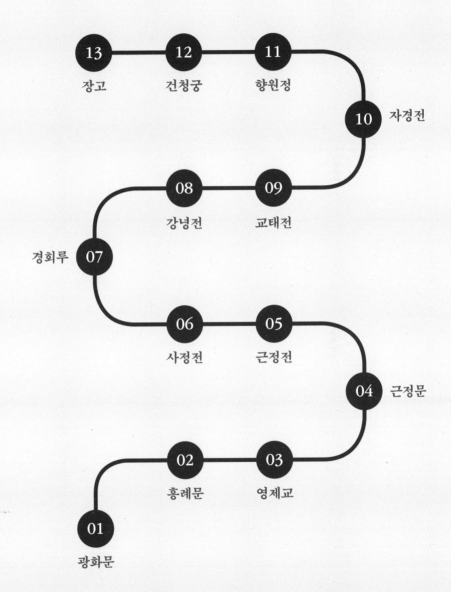

13 장고　　12 건청궁　　11 향원정

10 자경전

08 강녕전　　09 교태전

경회루 07

06 사정전　　05 근정전

04 근정문

02 흥례문　　03 영제교

01 광화문

# 01  광화문 光化門

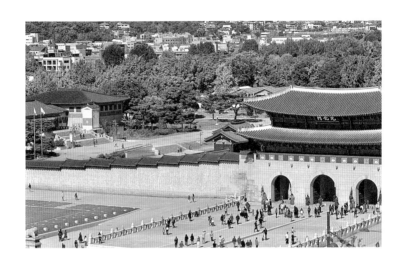

### 시간을 잇다

광화문보다 광화문 광장이라 부르는 게 익숙한 이곳. 과거를 상징하는 광화문과 시민 사회의 주요 공간인 광장을 왜 붙여 부를까? 어쩌면 이곳은 대한민국의 과거와 현재를 연결해 주는 문이지 않을까? 문 안으로 들어가면 조선의 역사가 고스란히 담긴 시간을 만날 수 있고, 밖으로 나가면 시민들이 자유로이 모일 수 있는 현대 광장을 거닐 수 있다.

◀ 광화문은 경복궁의 정문이다. 건물의 명칭인 광화(光化)는 '빛이 널리 비추다'라는 뜻이다.
건립 당시에는 정문 혹은 오문(午門)으로 불리다가 세종 7년인 1425년에 이르러 집현전 학자들에
의해 '광화문'이라고 명명됐다.

## 경복궁의 4대 문

조선 시대에는 신분별로 문을 구분해서 궁궐에 출입했다. 동쪽 문은 떠오르는 해인 세자와 왕족들, 서쪽 문은 나랏일을 하는 신하들이 드나들었다. 남쪽 문은 왕이 바라보는 문이기에 위상이 가장 높은 정문이었으며, 북쪽 문은 길하지 않은 기운이 들어올 수 있다고 여겨 특별한 일을 제외하고 굳게 닫혀 있었다. 지금은 동쪽 문을 제외한 모든 문이 활짝 열려 있다. 청와대와 연결 지어서 둘러보고 싶다면 북쪽 신무문으로 가길 권한다. 경회루 먼저 보고 싶다면 서쪽 영추문, 그래도 왕처럼 들어가야지 한다면 남쪽 광화문으로.

"올해 운수대통하고 싶다면
동쪽의 건천문을 찾아가시오!
청룡이 그대를 기다릴 테니."

## 비가 오나 눈이 오나 궁궐은 우리가 지킨다

매일 오전 9시 50분, 오후 1시 50분이 되면 광화문과 홍례
문 사이에 관람객이 모여든다. 휴궁일인 화요일을 제외하고 매일 오
전 10시와 오후 2시에 수문장 교대의식이 펼쳐지기 때문이다. 경복
궁의 문과 도성을 지키는 수문장은 지금도 광화문 앞에서 근무한다.
조선의 신하로서 서 있는 것은 아니지만 비가 오나 눈이 오나 궁궐의
문을 지키고 있는 수문장이야말로 국가유산을 지키는 일등공신이다.

이제부터 본격적으로 돌이 깔린 길이 나타난다.
삼엄한 권력의 공간으로 들어왔음을 알려준다.
임금의 길이었지만 지금은 자유롭게 거니는 길.

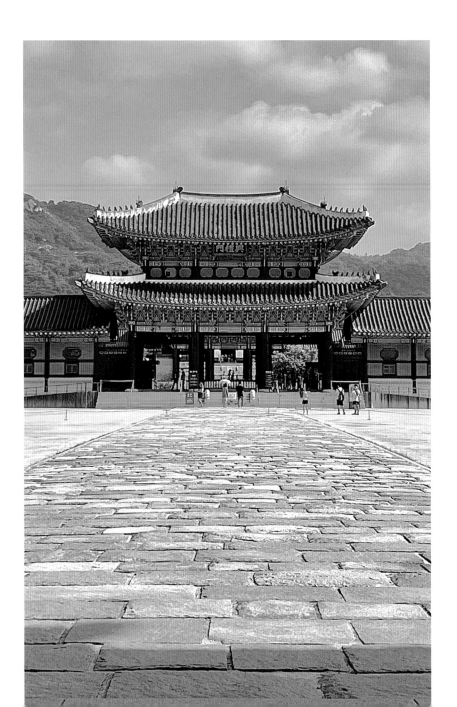

# 02 흥례문興禮門

## 복원의 시작

    1995년 8월 15일, 조선 총독부 청사가 헐리기 시작했다. 1926년 완공된 총독부 청사로 인해 조선의 역사를 오롯이 바라볼 수 없었다. 육중했던 건물이 철거되니 오랫동안 가려져 있던 경복궁의 옛 모습이 시야에 담기기 시작했다. 그리고 경복궁의 두 번째 문인 흥례문이 다시 세워졌다. 지금은 관람권을 인식하고 들어가는 디지털 출입문 탓에 사람들의 큰 관심을 받지 못하지만, 그토록 다시 바라볼 수 있기를 바랐던 문이니 입장 티켓을 찍고 들어가기 전에 잠시 시간을 내보는 건 어떨까? 아차, 경복궁 복원 프로젝트는 아직 끝나지 않았다. 2045년을 목표로 열심히 진행되고 있으니 이따금 찾아 가서 화이팅을 외쳐 보자.

◀: '예(禮)를 넓게 펼친다'는 뜻의 홍례(弘禮)라고 이름이 붙었다. 그러나 1867년 중건할 때, 청나라 건륭제의 이름인 홍력(弘歷)에서 '홍'을 피하고자 흥례문으로 명칭을 고쳤다.

# 03   영제교永濟橋

**나쁜 기운은 물러서거라!**

　궐에 좋은 기운을 들이기 위해 궁 앞을 가로지르는 물길인 금천錦川이 설치됐다. 지금은 아쉽게도 비가 많이 내리는 날만 금천의 물을 볼 수 있다. 전설 속 동물, 천록天祿만이 일 년 365일, 그 자리 그대로 금천을 수호하고 있다. 이제는 누구도 믿지 않는 미신과도 같은 돌 조각에 불과하지만, 과거 궁궐이 얼마나 중요한 곳이었는지 보여준다. 그런데 천록을 요모조모 살펴보면 근엄하기보다 귀엽거나 앙증맞기까지 하다. 조선의 장인들은 천록에 외유내강의 마음을 넣었을 것이다.

🔊　금천은 풍수지리적인 이유와 외부와 경계 짓기 위해 궁궐의 정문과 중문 사이에 둔 인공 개천이다. 금천의 금(錦)은 비단을 뜻하므로, '아름다운 물이 흐르는 다리'를 의미한다. 한편으론 금할 금(禁)을 써서 '아무나 함부로 건널 수 없는 다리'라고 불리기도 했다. 다른 궁들에도 금천교가 있다. 경복궁의 다리는 세종 때 영제교(永濟橋)라는 이름이 별도로 붙었다.

# 04 근정문勤政門

### 가장 인기 없는 직업은 왕

궁궐의 문과 각 전각에는 의미와 용도에 맞춰 이름이 부여됐고, 모두가 알아볼 수 있도록 현판이 걸렸다. 정도전은 정치 공간의 핵심인 이곳에 '부지런히 정사에 임한다'라는 뜻을 넣어 '근정'이라는 이름을 붙였다. 왕이 성실한 마음가짐을 잃지 않기를 바랐을 것이다.

문득 궁궐 주인인 왕은 가끔 저 현판을 보며 어떤 생각을 했을지 궁금해졌다. '나도 다 알아!', '신하들의 잔소리가 참으로 지겹구나'라고 하지는 않았을까? 투어 도중 사람들에게 왕이 되어 보고 싶은지 질문을 건네기도 한다. 그럼 어린이부터 어른까지 다들 고개를 절레절레 흔든다. 왕은 지금은 가장 인기 없는 직업이다.

🔈 건물의 명칭인 근정(勤政)은 '국가를 운영함에 있어서 임금은 항상 부지런해야 한다'라는 뜻으로, 정도전이 『서경』의 구절을 참고로 해 지은 것이다. 근정문은 정전으로 향하는 정문의 기능뿐만 아니라 조선 전기 왕의 즉위식과 같은 주요 의례와 행사의 공간으로도 활용됐다.

### 한 폭의 그림을 담고 싶다면

칼날 같은 정치가 시작됐던 저 문을 아름다운 그림으로 담아
보고 싶다면 영제교 주변의 앵두나무 사이에서 렌즈를 대보
자. 어느새 근정문은 한 폭의 그림 속 주인공처럼 앵글에 담
길 테니.

# 05　근정전勤政殿

## 집주인의 눈높이로

　　다스림을 행하는 왕의 자리는 북쪽이며, 남쪽을 향하고 있다. 왕은 근정전 월대에 올라 신하들이 늘어서 있는 조정과 광화문 너머의 한양을 바라보았을 것이다. 관람객의 시선에서 벗어나 궁을 보고 싶다면 집주인인 왕의 자리에 서서 지그시 남쪽을 바라보길.

🔊　근정전은 조선의 법궁인 경복궁의 정전이다. 우리 궁궐 하면 떠오르는 대명사이기도 하다. 조선 시대 신하들이 임금에게 새해 인사를 드리거나 국가 의식을 거행하고 외국 사신을 맞이하던 곳이다.

### 권력이 가장 높이 드러나다

이곳은 어느 곳보다 왕이 지닌 권력이 가장 높이 드러나는 곳이다. 그래서 권력과 위엄을 표현하는 장식과 문양으로 둘러싸여 있다. 특히 작은 지붕으로 닫혀 있는 당가는 어느 누구도 가질 수 없는 왕의 권력을 상징한다. 왕이 오르는 계단인 어탑부터 왕이 앉는 의자인 어좌, 왕권을 상징하는 일월오악도까지 시선을 사로잡는다.

어좌에 앉은
왕의 눈빛과 마음이 어땠을지
자못 궁금하다.
그래서 사극을 보면
임금 역할을 한 배우의 눈빛에 주목하게 된다.

### 법궁의 존재감

경복궁 그리고 근정전이 특별한 이유는 다른 궁에는 없는 장식이 많기 때문이다. 법궁이자 정궁의 지위를 지녔기에 시각적으로 보여 줄 상징물이 필요했다. 전각을 받치는 기단은 모든 궁궐 정전의 공통점이지만 기단의 난간은 경복궁이 유일하다. 그 기단에 섬세하게 새겨진 전설의 동물들이 왕의 권위를 한층 더 높여준다.

### 회랑은 원래 행각이었다

근정전을 중심으로 양쪽에 붉은 기둥이 매력적인 복도길이 있다. 마치 햇빛을 피하라고 일부러 설치한 길 같다. 이 길을 회랑이라고 부르지만, 원래는 행각行閣이었다. 벽으로 막혀 있는 집들이 근정전을 둘러 늘어서 있었다. 이곳에는 다양한 의식과 행사를 준비하기 위한 업무 공간이 있었다. 분주한 신하들도 이곳을 가득 채웠을 것이다. 그러나 일제강점기에 행각 역시 일본의 입맛에 맞게 변형되고 훼손됐다. 주권뿐만 아니라 공간 사용권도 잃어버렸던 서글픈 시절이다.

◀: 행각은 궁전에서 전각들을 둘러싼 통로 형태의 구조물이다. 최소 한쪽 면은 벽으로 막혀 있는 경우가 많아 통로와 성벽 역할을 모두 수행하고 비나 눈이 오는 날에 궁전 내부를 돌아다니는 사람들이 안전하게 돌아다니도록 하기 위해 만들어졌다.

누구에게도 지지 않을
용감한 두 장군이
근정전 양쪽에서 왕을 호위한다.

## 구름과 산세가 병풍으로

근정전을 정면에서 마주하면 전각의 위엄이 유독 강하게 느껴지지만, 왼쪽이든 오른쪽이든 가장자리에서 빗겨 보면 주위에 두른 멋진 병풍을 볼 수 있다. 푸른 북악과 인왕이 둘러진 산세가 근정전의 병풍이 된다.

# 06 사정전思政殿

### 라떼는 말이야

회의실이자 왕의 집무실인 이곳은 왕이 하루에 가장 많은 시간을 보내는 장소였을 것이다. 재택근무지인 궁궐에서 공과 사 구분 없이 야근을 밥 먹듯 하는 왕이 주 4일제 이야기가 나오고 있는 오늘날의 직장인들을 만나면 뭐라고 할까?

🔊 사정전은 경복궁의 편전이다. 임금이 신하들과 함께 나랏일을 논하고 종친, 대신들과 주연을 베풀던 곳이었다. '생각하면 슬기롭고 슬기로우면 성인이 된다'는 『시경』의 속 표현인 사정(思政)에서 이름을 따 왔다.

# 07  경회루慶會樓

## 스물네 개의 액자

외국 사신들을 접대하기 위해 세운 누각에는 자연을 담은 액자 스물네 개가 있다. 바로 경회루의 창들이다. 각 창에 둘러진 낙양각 덕분에 액자는 더욱 아름답게 돋보인다. 그 액자에 무엇을 담았을까? 바로 주변 풍광이다. 낙양각 안으로 궁궐 전각의 지붕부터 북악산과 인왕산까지 다채로운 풍경이 들어온다. 경회루 내부 특별관람의 기회를 놓치지 말고 꼭 한 번쯤 외국 사신들이 보았을 풍경을 담아 보기를 권한다. 단, 오직 4~10월에만 해당한다.

🔊 경회루는 왕이 신하들과 연회를 베풀거나 사신을 접대하고, 가뭄이 들면 기우제를 지내는 등 국가 행사에 사용하던 건물이다. 정면 34.4미터, 측면 28.5미터, 높이 21.5미터로 단일 건물로는 우리나라에서 현존하는 가장 큰 전통 목조 건축물이다.

## 임금도 보지 못했을 광경

궁궐의 밤은 어땠을까? 왕실이 오롯이 느꼈을 그 밤은 오붓하고 그윽했을까? 사실 횃불에 의존했을 테니 분위기는 '오붓하다'보다 '어두컴컴하다'에 가까웠을 것이다. 자객도 경계해야 하니 엄중한 기운이 감돌았을 것이다. 지금은 아름답다고 말할 수 있다. 언제나 불빛이 있기 때문이다. 경회루 주변에 설치한 조명 덕에 누각의 모든 부분이 연못에 뚜렷이 비친다. 바람이 불지 않는 날 밤에 경회루 앞에 서 있다면 한 나라의 임금도 보지 못했을 야경을 눈에 가득 담아 볼 수 있다.

## 끝없는 아름다움

설명이 필요 없는 아름다운 풍광이 펼쳐진다. 연말 궁궐 시상식에서 경회루가 대상을 받는다면 그 공은 모두 자신을 폭 감싸준 자연에 돌려야 할 것이다.

"잘 차려진 아름다움에 숟가락 하나 얹었을 뿐입니다."

경부궁

48

# 08 강녕전康寧殿

## 궁궐을 지키는 수호신

이제 고개를 들어 처마를 감상해 볼까? 강녕전을 마주 보고 있는 위치에서 왼쪽이나 오른쪽을 보면 지붕의 추녀마루들이 지그재그로 얽혀 있는 것을 발견할 수 있다. 늘어선 지붕도 재미있지만, 그 위에 앉은 조각들이 더욱 흥미롭다. 궁궐을 지키는 지붕 위 수호신, 잡상이다. 삼장법사부터 손오공 일당까지 신으로 변신해 추녀마루 위에 앉아 있다. 모두 각자 자리에서 묵묵히 이곳을 지키고 있다. 잡상을 여기서 보면 더 좋은 까닭은 경회루의 잡상까지 한눈에 담을 수 있기 때문이다. 순간 '분명 경회루를 다녀왔는데 왜 저걸 못 봤을까?'라고 말한 사람은 조용히 손을 들길.

📢 사정전 뒤편에 위치한 임금의 침전(寢殿)으로 왕이 일상을 보내던 공간이다. 강녕(康寧)은 『서경』 홍범구주(洪範九疇)에 나오는 오복(五福)에서 따왔으며 '근심 걱정 없이 안녕함'이라는 뜻이다.

# 09  교태전 交泰殿

## 후원의 화룡점정은 굴뚝

왕에게도 선사하지 않은 곳이 왕비의 전각에 있다. 바로 후원이다. 전설의 산인 아미산의 이름을 따 아미산 후원이라고 불렀다. 후원에 계단식으로 다양한 소재의 자연을 담았는데 여기에 벽돌을 외부에 두른 굴뚝이 서 있다. 굴뚝은 그저 온돌 설비를 위한 구조물 중 하나일 뿐이다. 제 할 일을 마친 연기가 마지막으로 배출되는 곳이라 누구도 시선을 두지 않는다. 하지만 이 굴뚝은 자세히 보아야 한다. 교태전의 미학을 완성해 줄 다양한 문양이 새겨져 있기 때문이다. 왕실의 가장 귀한 여인이 거주하는 곳이기에 아름다움에 빈틈이 있어서는 안 되며, 장차 조선을 책임질 왕손을 잉태할 곳이기에 나쁜 기운도 막아야 한다. 그래서 좋은 의미를 지닌 꽃과 나무, 전설의 동물인 불가살이不可殺爾까지 굴뚝 곳곳에 채워졌다. 오히려 굴뚝이 교태전의 후원을 완성한 느낌이다.

🔊 교태전은 왕비의 침전이다. 다른 말로 중궁전으로도 불린다. 교태(交泰)라는 말은 『주역』에서 따온 것으로 '하늘과 땅의 기운이 조화롭게 화합하여 만물이 생성한다'라는 의미를 담고 있다.

## 용마루 없는 지붕

서로 다른 방향으로 쌓은 기와의 틈을 막기 위해 회반죽을 발라 마감하는 것을 마루라고 한다. 마루 자체가 하늘처럼 높은 곳을 의미하니 지붕의 가장 끝을 가리키는 것이기도 하다. 그런데 앞서 만난 강녕전도 이번 교태전도 기와들이 가운데서 만나는 꼭짓점에 마루를 잘 발라 세웠는데 지붕 중앙의 마루만 만들지 않은 것 같다. 가로로 이어진 중앙 마루를 용마루라고 부르는데 이 부분에 회반죽을 바르지 않은 까닭에 대해 사람들은 이렇게 이야기한다. 이름 때문이라고. 용의 기운이 너무 강해 살아 있는 왕과 왕비를 짓누를까 걱정해서라고. 그런데 속설에 불과한 이 말을 아무런 저항 없이 받아들이기 쉽지 않다.

사실은 마루는 없는 게 아니라 가볍게 만든 것이다. 회반죽을 바르지 않았을 뿐, 굽은 기와를 사용해 틈을 막았다. 방법이 달랐기에 없어 보일 뿐이다. 용마루는 기와를 높이 쌓은 뒤에 겉에 회반죽을 둘러 바르는 것이라서 완성하면 무게가 꽤 나간다. 이에 따라 하중이 생겨 전각이 무너질지 걱정돼 용마루만 다른 방법으로 쌓은 것이다. 거기다 침전은 밤에 잠을 자는 곳이니, 전각이 무너지면 피할 방도가 없었으니 더더욱 왕과 왕비의 침전에서는 빠진 것이다.

재미있는 건 이것도 밝혀진 바는 아니라는 것이다. 무엇을 믿든 용마루가 없는 무량각을 신기하고 호기심 가득한 눈으로 바라보자. 새로운 '썰'이 탄생할 수 있으니.

🔈 용마루란 건물의 지붕 중앙에 있는 주된 마루로, 한식 가옥에서 중심을 이루며 서까래의 받침이 되는 부분이다. 무량각은 용마루가 없는 지붕을 뜻한다.

# 10 자경전慈慶殿

### 시선을 사로잡은 담장과 풍경

전각이 지닌 지위보다 사랑을 못 받는 곳이 있다. 자경전은 대비마마의 전각이다. 고종을 왕위로 올려주었던 조대비의 공간이었다. 그런데 사람들은 이곳 내부를 구경하기보다 담장 주위에서 사진 찍기에 바쁘다. 담장 주변 나무들이 계절별로 다양한 색채를 보여 주니 굳이 안에 들어가려는 사람은 거의 없다. 봄의 매화부터 가을의 은행잎까지…. 정말 그런지는 담을 따라 한 바퀴 둘러보면 이해할 것이다.

🔊 자경전은 임금의 어머니인 대비가 일상생활을 하는 침전 건물로, 총 44칸 규모이다. 명칭은 1777년 정조가 어머니인 혜경궁 홍씨를 위해 세운 창덕궁 자경전에서 유래했다. '자경(慈慶)'은 '자친(慈親, 어머니)이 복을 누리다'라는 뜻이다.

경복궁

56

🔊 　향원(香遠)이라는 뜻은 '향기가 멀리 간다'로 북송 시기 학자 주돈이가 지은 『애련설』의
구절에서 유래했다. 현재 향원정은 19세기 말 경복궁 중건 이후에 처음 세운 것이나 정확한 건립
시기는 알 수 없다.

# 11  향원지 香遠池

## 한 바퀴를 돌아보면

경회루와 큰 연못을 보고 왔으니 비슷한 풍광을 지닌 장소에는 감흥이 떨어질 만도 한데 심장이 또 두근거린다. 2층 규모의 향원정과 주변을 감싼 연못의 균형미가 돋보인다. 하나 더, 연못을 따라 걷다 보면 놀라움의 연속이다. 뒷배경이 달라지니 풍경이 각양각색으로 변모한다. 바라보는 이의 마음도 달라진다. 경회루는 공식 연회장이니 긴장감을 유지해야 한다면, 향원지 주변은 왕실의 후원이었으니 긴장을 내려놓고 주위를 살펴보는 여유가 절로 생긴다. 양복을 입고 공식 만찬에 가느냐, 캐주얼 복장으로 산보하러 가느냐 정도의 차이다.

**지금은 마주할 수 없는 장면**

걷다 보니 생각이 번뜩 떠오른다. 고종과 명성황후는 취향
교를 건너 향원정에 들어섰을 것이고 안에서 창을 열어 바깥 풍경을
품었을 것이다. 관찰자 시점에서 봐도 아름다운데 실제 만든 의도대
로 향원정 창틀에 팔을 기대고 바라보는 궁과 한양의 풍경은 어땠을
까? 지금은 들어갈 수 없다. 아쉬운 마음을 달래기 위해 한 번은 향원
지를 돌 때 정자를 안 보고 바깥 풍경으로 시선을 바꿔 봤다. 그제야
향원지 남쪽 너머의 남산이 눈에 들어온다. 경복궁은 후원이 지대가
높은 만큼 감동도 더 크다.

자경전 향원지 집청종

# 12 건청궁乾淸宮

### 고종의 기억

고종이 사비를 들여 지은 공간이다. 궁 안에 또 다른 궁이라고 불린다. 고종은 이곳을 어떻게 기억할까? 아버지 흥선대원군의 그늘에서 벗어나 호기롭게 친정을 시작했으나 조선을 향한 강대국의 야욕은 점점 거세지니 험준한 고갯길이 매번 반복되지 않았을까? 이때 명성황후는 일본을 견제하는 방법으로 친러 노선에 앞장섰다. 이를 달갑지 않게 본 일본은 명성황후를 시해했다. 개화에 성공한 일본은 스스로 문명국이라 칭했지만, 실제 모습은 폭력적 야만으로 가득했다. 당대 궁궐은 모두가 가장 안전하다고 생각하는 곳이었다. 그런데 난데없이 새벽녘 외국 자객이 궁궐을 침범했고 고종과 순종을 감금하고 왕비와 궁녀들을 시해했다. 더는 경복궁에서 조선의 미래를 설계할 수 없었을 것이다. 그래서 고종은 경복궁을 떠났다. 그러고는 새로운 곳에서 미래를 다시 그리기 시작했다. 고종에게 건청궁은 새로운 시작이었다. 하지만 지어진 지 20여 년 만에 권력의 중심지를 또 옮겨야 했다.

🔊 건청궁에는 1887년에는 조선 최초로 전등이 설치되었는데, 이는 중국이나 일본의 궁정 설비보다 2년이나 앞선 것이었다. 건청궁은 고종의 아관파천 이후 1909년에 완전히 헐렸다가 2007년 복원됐다.

# 13 장고醬庫

**문틈 사이, 담 너머로 만나는 조선의 맛**

경복궁에 장고가 두 곳이 있었는데 그중 한 곳은 복원됐다. 전국의 장독을 전시하는 장소다 보니 안전 문제로 상시 개방하지 않는다. 그래서 향원지에서 내려오면서 문틈 사이 장고 담 너머로 항아리를 힐끗 보는 게 더욱 설레고 신난다. 잠시 상궁이나 궁녀가 항아리 뚜껑을 열고 고이 보관해 두었던 장을 떠가는 모습을 상상해 본다. 배고플 때는 지나가지 말지어다! 더 배고파지니까.

◀ 장고는 궁중 연회나 제례·수라상에 쓰이던 장을 보관하던 곳이다. 궁중에서 장독대 옆에 집을 짓고 간장을 지키던 주방 상궁인 장꼬마마(醬庫媽媽)가 직접 관리했다.

昌德宮

02

# 창덕궁

## 자연의 흥취를 한껏 살리다

꽃이 피고 낙엽이 지면, 마치 약속이라도 한 듯 사람들이 창덕궁을 찾는다.
실제로 일 년 중 봄과 가을에 창덕궁 관람객이 가장 많다.
그만큼 풍경 감상에 최적인 곳이다.
정치가 아니라 감상을 위해 조성한 곳은 아닐지 하는 착각이 들 정도이니….

# CHANG
# DEOK
# GUNG

태종 5년인 1405년, 경복궁의 이궁으로 동쪽에 지어진 창덕궁은 이웃한 창경궁과 서로 다른 별개의 용도로 사용됐으나 하나의 궁역을 이루고 있어 조선 시대에는 이 두 궁궐을 형제 궁궐이라 하여 '동궐'이라고 불렀다.

1592년 임진왜란으로 모든 궁궐이 소실돼 광해군 때 재건된 창덕궁은 1867년 흥선대원군에 의해 경복궁이 중건되기 전까지 조선의 법궁이었다. 조선 역사상 정궁으로 가장 오래 사용된 만큼 역대 왕들의 사랑을 가장 많이 받았던 궁궐이기도 하다. 하지만 그런 사정에도 불구하고 정궁으로서의 존재감은 크지 않다. 한편으로는 1907년 대한제국의 황위를 계승한 순종이 거처했던 곳으로 최후의 황궁이기도 했다.

창덕궁은 평지가 적은 완만한 산비탈에 세워져 궁궐 배치가 경복궁처럼 남북을 축으로 정연하지 않고 동서로 뻗는다. 유교 예법에 맞게 중심축을 이루며 전각들이 질서정연하게 배치돼야 하지만, 창덕궁의 정문인 돈화문과 정전인 인정전, 편전인 선정전 등은 중심축 선상에 있지 않다.

이러한 배치 방식은 정궁인 경복궁과 근본적으로 다르다. 창덕궁은 높낮이뿐 아니라 그 곡선과도 잘 조화를 이루고 있다. 자연의 지세를 그대로 이용하려는 마음이 담긴 것이다. 또 궁중에 민중의 집과 비슷한 기와집과 초가가 많다. 백성과 가까이하려는 마음도 엿볼 수 있다. 자연을 훼손하지 않고 인공을 최대한 줄이면서 생활 공간을 아름답게 꾸미려는 한국적인 미가 가장 전형적으로 발휘됐다.

창덕궁은 비원으로 알려진 아름다운 후원의 존재와 함께 세계 문화유산에 등재됐다는 사실로도 잘 알려져 있다.

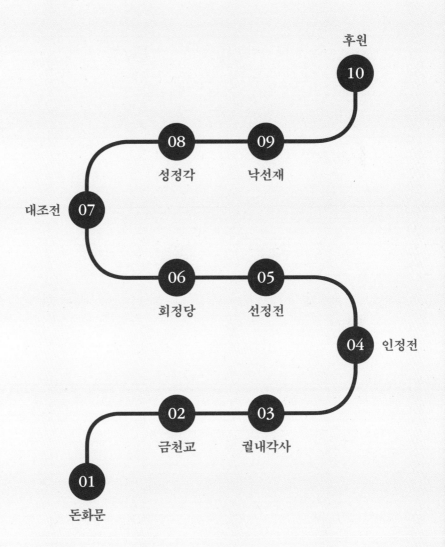

후원

10

08 09

성정각 낙선재

대조전 07

06 05

회정당 선정전

04 인정전

02 03

금천교 궐내각사

01

돈화문

# 01  돈화문敦化門

### 갈아타지 않아서 얻게 된 시선

　　5년 꽉 차는 시간 동안 궁궐을 제집 드나들 듯이 오간 나로서는 창덕궁은 눈 감고도 가는 곳이다. 그런데 어느 날 창덕궁에 가면서 정신이 다른 곳에 가 있었는지 종로3가에서 안국역으로 갈아타지 않고 바로 밖으로 나와 버렸다. 조금 더 걸어가야 한다는 생각에 발걸음이 쉽게 떨어지지 않았는데 눈 앞에 펼쳐진 풍경은 마치 깜짝 생일 이벤트를 받은 기분을 주기에 충분했다. 돈화문 뒤로 펼쳐진 북한산 병풍. 아름답다. 산은 오르는 것보다 바라볼 때 제일 좋다고 생각하는 나는 이런 풍광에 온 마음을 다 빼앗겨 버린다. 별거 아닌 동선 변화에 궁궐에 들어서기 전부터 어린아이처럼 신이 났다. 나처럼 종로3가 6번, 7번 출구로 나와 10분 정도 천천히 걸어보기를. 중간에 횡단보도가 여러 군데 있는데 중간에 서서 잠시 사진으로 담아도 좋다. 무심히 지나치지 않기를 바란다. 횡단보도마다 다른 풍경이 그려진다. 시간여행의 재미는 뜻하지 않게 찾아온다.

🔊　돈화(敦化)는 '임금의 큰 덕으로 백성을 돈독히 교화한다'라는 뜻으로 『중용(中庸)』 30장에서 가져온 것이다. 태종 12년인 1412년에 처음 세워졌으며, 임진왜란 때 불타 버린 것을 광해군 원년인 1608년에 완공한 것이다. 이때의 모습이 현재까지 남아 있어, 현존하는 궁궐 정문 가운데 가장 오래된 문으로 불린다.

창덕궁

# 02  금천교錦川橋

## 궁궐에서는 최고最古가 보물이다

여러 궁궐을 다니면 '가장 오래된 것'에 유독 눈길이 간다. 최고最高가 아닌 최고最古라는 타이틀. 목조 건축물의 집합인 궁궐은 굴곡진 역사 속에서 훼손과 복원의 반복으로 예전과 다른 모습을 하고 있기 때문이다. 1411년, 태종이 화재나 전쟁을 대비해 경복궁 동쪽에 창덕궁을 창건할 때 설치한 돌다리가 금천교이다. 어림잡아도 6백 년이 넘는 세월 고고히 그 자리에 있었다. 궁궐 초입에 좋은 기운만 들어오기를 바라는 마음으로 아래에는 물이 흐르게 하고 그 위에 다리를 놓았다.

돈화문을 중심으로 두른 담장이 시각적인 경계라면, 궁궐을 드나드는 사람들에게 금천교는 궁궐 안팎의 실질적인 경계였다. 왕이 대비와 같은 왕실 어른 혹은 중국 사신을 마중하거나 배웅할 때 마지막 장소로 삼았다. 그러니 이 다리에 얼마나 많은 사람의 걸음이 묻어 있을까? 정문을 통과해 으뜸 건물인 인정전으로 향하거나 관람을 마치고 궁궐 밖으로 나올 때 반드시 이 다리를 건너는데, 사람들 대부분 '건너가는' 것에 의미를 둔다. 그런데 금천교가 진짜 궁궐의 입구이며 창덕궁의 역사를 오롯이 기억하는 대한민국 보물이라고 하면 사람들의 반응이 달라진다. 그렇게 역사의 새 페이지에 나의 흔적을 얹어 본다.

# 03  궐내각사闕內各司

### Only 창덕궁

오래된 것을 봤으니, 이번에는 유일한 것을 찾아볼까? 창덕궁에서만 볼 수 있는 곳은 궐내각사이다. 궐 안에 있는 사무실을 부르는 말이다. '새로운 내각을 구성했다'라고 할 때 그 유래가 여기서 비롯되었다. 물론 20여 년 전에 복원한 부분이 많다. 그래도 다른 궁궐에는 없으니까 ONLY 창덕!

이곳에는 왕실 도서관인 규장각, 왕의 말을 기록하던 예문관, 왕의 자문기관인 홍문관 등이 있었다. 가장 핵심 인재만 모여 있던 곳이다. 정조 재위 기간에 활발히 사용된 규장각은 별자리 중에 문운文運을 담당하는 '규奎'를 사용해 이름 지었다. 홍문관은 옥처럼 귀한 인재가 있는 곳이라 하여 옥당玉堂이라고도 불렀다. 관청의 기능과 목적이 직관적으로 보이지 않는다. 아마도 겉으로 아는 것보다 깊이 헤아리는 것이 훨씬 중요하다는 것을, 일을 대할 때 전심전력(全心全力)의 태도가 필요하다는 것을 일깨워주고자 했을 것이다. 유일한 것을 찾아 나선 길은 선조들의 지혜로 채워진다.

## 신입사원의 마음으로

관복을 입은 신하들이 무수히 이곳을 드나들었지만, 지금
은 길 잃어버리기 딱 좋은 곳이다. 관람객도 그리 많지 않다. 그러니
시간이 넉넉하다면 마음 편히 길을 잃어보는 것도 좋다. 길을 잃는 것
도 여행의 재미 아니겠는가. 일부러 발 가는 데로 여기저기 돌아다녀
보자. 겨우 길을 찾았는데 들어온 문으로 다시 나올 수도 있다. 뜻밖
의 시선을 얻을 수도 있다. 창덕궁을 몇 번 다녀보지 않았을 때는 신
입사원의 마음으로 궐내각사를 거닌 적도 있었다. 입사 첫날 회사 탐
방을 다니듯이. 긴장되겠지만 얼마나 설렜던지. 처음 맞닥뜨리는 공
간의 기운을 느끼며 밝은 미래를 꿈꿔볼 수 있는 유일한 날이다. 무엇
이든 익숙해지는 순간 재미는 반감된다.

이런 질문을 던지고 싶다.
"이 사진에서 '궁(宮)'을 찾아보세요."

# 04 인정전仁政殿

## 세 글자로 남은 임금

창덕궁은 경복궁과는 다르게 안온한 분위기가 감돌기에 조선의 많은 왕이 이곳을 주 거처로 삼았다. 그래서 각양각색의 사건이 벌어진 배경 장소가 창덕궁이었다. 그중 가장 파란만장했던 사건은 두 번의 반정이다. 반정이란, 왕이 정사를 제대로 돌보지 않고 나라를 올바르지 못한 방향으로 이끌 때 무력을 동원해 새 임금을 세우는 일이다. 10대 왕 연산군과 15대 왕 광해군은 반정에 의해 창덕궁에서 쫓겨났다. 임금이 서는 정전 앞 월대를 바라보며 왕의 존재에 대해 곰곰히 생각해 보았다. 왕이란 되는 것보다 하는 것이, 그리고 잘 마무리 짓는 것이 가장 어려운 자리가 아니었을까? '조'나 '종'으로 끝나는 두 글자의 이름은 자신의 사명을 무사히 해내고 세상을 떠난 임금에게만 부여되는 무한한 명예였다.

🔊 인정(仁政)은 '인자한 정치를 펼친다'라는 의미를 지니고 있다. 인정전은 임진왜란이 일어나자 화재로 전소되었고 선조 때 복구공사가 시작되어 광해군 2년인 1610년에 다시 건립되었다. 이후 인정전은 역대 왕들이 정무를 행하는 공간이자 조선 왕조를 상징하는 건물이 되었다.

### 태평성대가 오기를

인정전 천장을 보면 전설의 새 두 마리가 있다. 왕의 권위를 표현하는 문양이다. 의식이 거행되는 정전이기에 이런 상징적인 존재들이 새겨져 있다. 사실 한 쌍이라고 표현해야 더 적당할 것 같다. 수컷이 봉이고 암컷이 황이라 두 마리가 짝을 이루어 완성되기 때문이다. 전설 속 봉황은 '하늘을 날면 많은 새가 그 뒤를 따른다'라고 묘사되었다. 백성 앞에 선 임금의 권위를 상징한 것이다.

봉황은 살아 있는 벌레를 먹거나 해를 끼치지 않았다고 한다. 이런 특징 덕에 봉황은 '임금이 덕을 베풀고 정치를 행한다'라는 의미로 해석되었다. 한마디로 말하자면 태평성대, 그 자체였다. 대통령실 문양으로 봉황을 사용하는 것도 대한민국의 번영을 위한 까닭일 것이다. 역사와 전통을 이어가면서 미래를 그려나가는 것은 참 멋진 일이다.

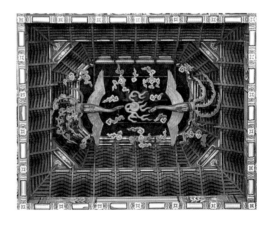

창덕궁

무채색의 역사는
다섯 기운을 가진 색으로 찬란하게 물들었다.
그중 세상의 중심은 황색.

### 궁궐의 변신

　　인정전 안으로 들어서면 적잖게 당황스럽다. 내부 모습에서 조선 왕실과 그 너머의 세상보다는 현재 우리가 떠오르기 때문이다. 화려한 황색 커튼, 유리창, 커다란 샹들리에로 시선이 꽂힌다. 1907년 고종이 일제에 의해 강제 퇴위당하면서 대한제국 2대 황제인 순종이 즉위했는데, 선황제와 같은 공간에 있는 것은 정치적으로 부담이 되었다. 그래서 순종은 자의 반 타의 반, 창덕궁으로 거처를 옮겼다. 이때 창덕궁은 근현대사의 소용돌이 속 주인공이 되었다. 먼저 대한제국 2대 황제가 머무는 황궁으로써의 변신(황색 창살과 오얏꽃)이 필요했다. 그래서 황실 문양인 오얏꽃을 곳곳에 새겼고, 황제의 권위를 상징하는 황색으로 궁궐을 장식했다. 또한 서양 문물을 적극적으로 받아들이던 시절이었기에 유리창, 커튼, 샹들리에를 비롯하여 근대적 설비가 도입되었다. 왕궁이자 황궁이기도 했던 곳. 오랫동안 각 시대를 보여 주는 상징물들이 뒤섞여 있다.

# 05  선정전宣政殿

## 청기와에 담긴 속사정

인정전을 바라보다가도 시선이 자꾸 오른쪽으로 옮겨간다. 보통의 흑색 기와 틈바구니에서 유난히 돋보이는 녀석이 있다. 특별해 보이는 기와에 어떤 사연이 있을까? 앞서 이야기했던 반정 이야기가 여기서 이어진다. 광해군을 폐위시키고 인조를 왕위에 올리는 인조반정 때 창덕궁에 불이 나고 만다. 당시 창덕궁을 정궁으로 사용했기에 복원은 하루빨리 이뤄져야 했다. 그러나 반정의 명분에 광해군이 백성의 삶을 피폐하게 만든 점도 있었으니 창덕궁 복원에 드는 자원은 최대한 줄여야 했다. 그때 눈에 들어온 것은 광해군이 재위할 때 지은 인경궁이었다. 광해군은 즉위하면서 권위를 내세우고 싶었다. 그래서 새 궁궐을 지으면서 청색 기와를 지붕에 얹었다. 그런 광해군이 폐위됐으니 그를 상징하는 인경궁 역시 존재할 이유가 없었다. 더구나 창덕궁을 복원해야 했으니 철거할 명분은 충분했다. 그렇게 창덕궁에는 인경궁에 있었던 푸른빛의 전각들이 세워졌다. 긴 세월 이곳에 수차례 불이 나서 남은 청기와는 선정전뿐이다. 한없이 영롱하고 아름다운 모습 속에 숨어 있는 속사정은 참 파란만장하다.

◀: 선정(宣政)은 '정치와 교육을 넓게 펼친다'라는 의미를 담고 있다. 선정전은 왕의 집무실로 임금과 신하가 정치를 논하고, 유교 경전과 역사를 공부하는 곳이었다.

창덕궁

인정전 **선정전** 희정당

희정(熙政)은 글자 그대로 풀이하면 '정치(政)를 빛낸다(熙)'라는 뜻이다. 왕의 침전인 대전으로 쓰였다가 조선 후기 들어 나랏일 보는 편전으로 바뀌었다.

창덕궁

# 06  희정당熙政堂

## 경복궁의 숨결이 스미다

1917년 창덕궁이 불길에 휩싸였다. 왕의 집무실 겸 회의실이었던 희정당과 뒤편 침전 공간인 대조전 영역의 전각들이 모두 잿더미가 되었다. 순종이 머무는 궁이라서 복원이 불가피했는데, 그 과정에서 안타깝게도 경복궁의 강녕전이 헐렸다. 그때 일본은 식민지 지배의 중심으로 경복궁을 정하고, 그곳에 조선총독부 신청사를 짓고 있었다. 경복궁 전각을 헐어버리는 데에 적절한 명분도 생기고, 창덕궁을 복원하는 데에도 큰 공력이 필요하지 않았으니, 일본 입장에서는 아주 좋은 선택이었을 것이다. 그런 일본의 선택에 응할 수밖에 없었던 식민지의 뼈아픈 현실이 여기 담겨 있다. 다소 화려하게 지어진 희정당 외부를 한 바퀴 돌면서 그 흔적을 찾을 수 있다.

희정당의 지붕 양쪽 합각면 중앙에는 글자가 하나씩 새겨져 있다. 그 글자들을 합치면 '강녕'이 된다. 복원할 때 경복궁의 강녕전이 사용된 것을 알 수 있다. 희정당 안에 경복궁이 있다. 그 안에 우리의 아픈 역사가 있다.

### 은밀한 장면들

창덕궁을 비롯한 궁궐에서는 특별한 프로그램
이 종종 진행되는데 그중 창덕궁의 전각 내부를 해설사
와 함께 관람하는 것과 전각과 후원을 밤에 거닐어 볼 수
있는 '달빛 기행'이 가장 인기가 많다. 특정 기간에 소수
인원으로 한정하여 진행하니 유명 가수의 콘서트 티켓
구하기와 맞먹을 정도로 경쟁이 치열하다. 봄과 가을, 각
궁궐 홈페이지에 공지가 올라오면 '제발 소문나지 말길'
을 속으로 외치기도 한다.

매표에 성공한 덕에 인정전과 희정당 내부를
만날 기회를 몇 번 얻었었다. 궁궐 전각 내부를 모두 관람
한 것이 아니기에 해설을 진행할 때 마음 한편에는 아쉬
움이 자리했었다. 사진이나 영상 자료가 있지만 감동과
여운을 오롯이 전하기에는 분명 한계가 있었다. 그래서
내가 보여 주고 싶은 시선으로 희정당 내부를 담았다. 근
대적 문물이 궐 안으로 스며들면서 희정당 내부가 변해
가는 모습, 그리고 지금은 그저 보전만 되고 있는 유적 같
은 느낌으로 담아낸 장면들이 아직도 생생하다.

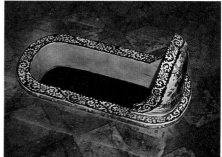

## 자동차가 다닌 길

　　희정당의 중앙 돌출현관 아래 반달 모양의 길이 독특하다. 이 길은 자동차가 희정당 앞으로 진입하기 위해 냈다. 마차처럼 생긴 캐딜락 자동차가 달리면서 궁궐은 이전과는 다른 모습이 되었다. 공간을 나누던 담장과 문턱이 흔적 없이 사라졌다. 시대의 요구 혹은 공간을 점령한 주체에 따라 끊임없이 변화를 거듭했다.

# 07 대조전 大造殿

**1910년 8월 22일**

　　대조전을 마주하려면 높은 경사의 계단을 조금 올라야 한다. 경사를 다듬지 않고 언덕 위에 전각을 세웠기 때문이다. 아마 창덕궁을 다니면 계단으로 오르거나 작은 언덕길을 내려가기도 한다. 그렇게 아늑한 대조전을 만나면 대청마루에 있는 나전 가구들에 시선을 먼저 빼앗길 수 있다. 대조전도 희정당처럼 1917년 화재로 소실되어 복원되었는데, 그때 서양식 문물과 청나라 양식의 가구들이 많이 들어왔다. 가구가 바뀌니 궁궐 내 생활양식도 좌식에서 입식으로 바뀌었다.

　　이제 일부러 시선을 돌려보자. 대조전 오른쪽 모서리 공간에 흥복헌興福軒이라는 현판이 걸려 있다. '복을 불러일으킨다'라는 뜻이다. 아이러니하게도 이곳에 1910년 8월 22일의 아픈 역사가 서려 있다. 이날 흥복헌에서 어전회의가 열렸고, 안건은 한일병합조약 체결의 찬반이었다. 대한제국 대신들은 목숨을 걸고 나라를 지키는 것보다 일본에 나라를 넘기는 것에 의견을 모았다. 한 나라의 황제였어도, 자주적으로 정치를 행할 수 없었던 순종은 강압을 이기지 못하고 조약 체결의 전권을 이완용에게 일임하는 문서에 서명했다. 위임장과 조약문서를 손에 쥔 총리대신 이완용은 남산에 있는 데라우치 통감과 이 문서를 주고받으며 조약을 체결했다. 이것은 외세에 의한 불법적인 국권피탈이었고, 무책임한 권력자들에 의해 벌어진 나라의 수치였다. 이제 나라를 지키는 건 힘 없는 사람들의 몫이 되었다.

🔊 대조(大造)란 '큰 공을 이룬다'라는 뜻으로, 대조전은 왕과 왕비의 공용 침전이었다. 그러나 대조의 진정한 의미는 현명한 왕자의 생산이었다. 대조전 지붕에는 용마루가 없는데, 임금이 자는 침전을 용의 기세가 누르면 좋지 않다는 이유에서였다.

굳이 문을 열고 들어가지 않아도
느낄 수 있는 것은 많다.
봄이 다가올 때쯤
불어오는 포근한 바람,
기지개를 켜는 싱그러운 풀잎,
아직 부끄러운 분홍빛 꽃봉오리.

### 후원의 시작

창덕궁 후원은 대조전을 끼고 뒤로 돌아가는 순간부터 시작된다. 언덕으로 연결되는 높은 계단을 따라 시선을 옮기면 신비가 가득한 세계를 상상해 볼 수 있다.

# 08 성정각誠正閣

## 가장 멋진 공부방

이곳은 동궁의 공부방이었다. 동쪽은 '하루의 시작'이라는 의미를 넘어 나라의 '밝은 미래'가 찾아오는 방향이었다. 그래서 조선의 세자가 머무는 곳을 '동궁'이라고 했다. 방향을 계절과 엮어서 생각할 수 있는데 사계절 중 동쪽은 봄이었다. 그래서 공부방 오른쪽에 봄을 알리는 누각을 '보춘정'이라고 이름 붙였다. 문득 이런 상상을 해 본다. 공부하는 방을 왜 이렇게 운치 있게 만들었을까? 어릴 적 공부방을 떠올리면 비교할 수 없이 멋지다. 독서실은 어두컴컴했고 집중하기 위해 옆 사람 안 보이게 칸막이도 높았다. 지금 생각해 보면 잠이 솔솔 오는 수면 공간이었다. 그러나 이곳에서는 잠은커녕 오히려 눈이 떠진다. 창덕궁은 서쪽이 낮고 동쪽이 높아 보춘정에 앉아 창을 열면 주변 풍경을 한눈에 담을 수 있다. 물론 세자는 한자로 되어 있는 어려운 문장을 달달 외워야 하는 시험을 매번 봐야 했으니 힘들었을 테지만. 그래도 고개만 돌리면 푸른 하늘과 생동감 있는 자연, 계절의 기운을 만끽할 수 있으니 얼마나 좋았을까?

아쉬운 것이 있다면 지금은 동궁의 완전체를 볼 수 없다는 것이다. 조선 말기 경복궁을 중건하고, 동궁을 새로이 꾸미면서 창덕궁의 동궁을 헐었다. 고종 28년인 1891년, 임금이 중희당을 옮겨 지으라는 명을 내렸고 이후 상황에 대해서는 기록조차 남기지 않았다. 동궁의 중심 전각 중희당은 현재 후원 가는 길이 되었다.

🔊 성정(誠正)의 이름은 『대학(大學)』에서 유래했으며 '성의(誠意)', '정심(正心)'에서 각각 앞 글자를 따 붙였다. 즉 '성심성의껏 바른 마음으로 열심히 공부하라'라는 뜻이다.

## 덧대진 시간이 한눈에

성정각과 보춘정을 지나 계단을 오르면 아담한 전각이 하나 있다. 마치 앉아서 쉬고 가라는 것 같다. '집희'라는 현판이 달려 있다. 전각 뒤편으로 가서 문을 통해 성정각 영역을 바라보면 켜켜이 쌓인 이곳의 역사가 한눈에 들어온다. 세자의 공부방은 순종이 머물던 시기에는 내의원으로 사용되었다. 임금의 약을 짓는다라는 뜻의 '조화어약調和御藥', 임금의 몸을 지킨다는 뜻의 '보호성궁保護聖躬' 현판이 지난 이야기들을 일러준다.

낙선(樂善)은 '선을 즐긴다'를 뜻한다. 『맹자(孟子)』에 나온 말에서 유래했다. 낙선재는
창덕궁의 주거 건물로, 전반적으로 양반가 형식을 따랐으나 궁궐 침전 양식이 가미돼 있다.

# 09  낙선재樂善齋

### 헌종의 꿈

헌종 13년인 1847년에 지어진 이 집은 참 독특하
다. 여느 전각과는 다르게 색으로 전각을 꾸미지 않았다. 그
사연의 뿌리는 헌종이 즉위하던 시기로 거슬러 올라간다. 몇
몇 가문에 권력이 집중되던 세도 정치기, 헌종은 여덟 살이라
는 어린 나이에 즉위했다. 하지만 그에게 나랏일의 최종 결정
권은 주어지지 않았다. 때를 기다리고 기회가 찾아왔을 때 헌
종은 이곳에 자신의 서재 겸 사랑방을 지었다. 왕손을 보기
위해 후궁의 거처도 옆에 두었다.

가장 중요한 공간의 이름도 지었다. 영조 시기에 존
재했던 '낙선재'란 전각의 이름을 땄는데 '낙선'이란 두 글자
는 당시 헌종에게 가장 절실했던 마음을 담고 있었을 것이다.
인의와 충신의 태도로 선을 향해 나아가면 하늘의 지위를 지
닐 수 있다는 맹자의 말처럼, 꾸준히 나아가 결국 스스로 정
치를 펼 수 있는 지위와 권력을 찾고야 말겠다는 헌종의 꿈이
자 의지였을 것이다.

## 헌종의 감각

낙선재를 더욱 아름답고 품위 있게 만들어주는 장치 몇몇을 찾아볼까? 먼저 창문의 창살이다. 전통 방식으로 만들어진 창호문은 한지를 안쪽에 바르기 때문에 밖에서 보면 창살 무늬가 더욱 또렷하게 보인다. 재미난 점은 이제부터이다. 서쪽의 누마루부터 동쪽의 사랑방까지 공간은 하나로 연결되어 있지만, 창살도 문양이 다 다르다. 궁궐 전각처럼 색을 입히지 않아서 자칫 단조로워 보일 수 있는 공간에 창살로 다채로운 아름다움을 담아냈다. 두 번째는 기둥에 붙은 글씨, 주련이다. 이곳은 사대부의 주택 형식으로 지어졌기 때문에 기둥이 전부 네모반듯하다. 그곳에 바깥에서도 보이는 방향에 다양한 글귀를 적었다. 청나라 유명 문인들의 글이 지금도 남아 있다.

헌종은 학문적인 소양도 뛰어났고, 회화나 서예에도 출중했다. 분명 낙선재를 꾸미는데 자신의 안목과 정성을 쏟았을 것이다. 그럼 이제 문학을 사랑한 헌종을 만나볼까? 낙선재 현판 오른쪽을 구석구석 잘 살펴보자. 보소당寶蘇堂이라는 글씨가 보일 것이다. 헌종의 당호堂號이다. 소동파로 잘 알려진 '소식蘇軾이란 인물을 보배로 삼는다'라는 뜻이다. 자신의 집 이름에 송나라 시인 이름을 넣을 만큼 문학에 관심이 컸다는 걸 알 수 있다. 전각이 지닌 촘촘한 매력은 헌종으로부터 비롯되었다.

### 돌에 담은 마음

뒤로 돌아가면 계단식으로 조성한 후원을 만날 수 있다. 그런데 이 후원의 진짜 매력은 후원 앞에 놓은 석조 조형물인 것 같다. 돌로 만든 네모난 연못에 정체모를 괴석들까지. 낙선재의 주인은 이 돌에 잔잔한 의미를 새겼다. 그중 사각형 연못에 새긴 글귀에 마음이 간다.

금사연지琴史硯池는 '벼루 같은 연못에서 거문고를 연주하고 역사책을 읽는다'라는 뜻이다. 당나라 시인 맹호연이 지은 시구 "나 역시 거문고와 역사책을 가지고서, 노닐면서 함께 한가함을 취하리라."에서 따온 글귀인데 이 문구의 의미를 곰곰 생각해 보다가 현대적인 관점으로 바라보기에 이르렀다.

금사연지는 자연과 인간, 우주를 탐구하던 선비들이 단조로운 일상에서 재미를 찾는 나름의 방법이 아니었을까? 지금 시점으로 보면 트렌디한 음악이 흘러나오는 헤드폰을 귀에 끼고 너른 연못이 있는 공원을 산책하다가 이내 벤치에 앉아 가방에서 책 한 권을 꺼내 읽어보는 느낌? 어제의 기억을 거닐다 보면 시간을 달려 어느새 오늘에 다다른다. 돌에 새긴 소소한 마음은 세월이 지나도 나처럼 마음이 동한 누군가에게 닿는다. 그러니 계속 새기고 기록하는 것 아니겠는가.

# 10  후원後苑

　　자연의 이치를 통해 백성을 이끌 힘을 얻고자 했던 임금들은 후원에 정자와 연못을 짓고 이곳으로 걸음을 옮겼다. 때로는 훌륭한 인재를 들이기 위한 과거 시험장으로 혹은 핵심 인재들이 쾌적한 환경에서 일할 수 있는 도서관으로도 쓰인 곳이 바로 이곳이었다. 세자의 부모를 향한 효가 응집된 전각도 후원에 자리하고 있다.

昌慶宮

## 03

# 창경궁
### 효심이 빚은 궁궐

경사가 많이 생기기를 바라는 마음으로 시작되었지만,
한양의 동쪽에 있어 '동궐', 창덕궁과 붙어 있어 '창덕궁의 어느 전각',
일제강점기에는 공원이 되어 '창경원'.
오롯이 창경궁으로 불리기 시작한 것은 1983년
명칭 복원이 이루어진 이후부터이다. 신나게 불러보는 창.경.궁.

# CHANG GYEONG GUNG

조선 왕조가 들어선 이후 경복궁, 창덕궁에 이어 세 번째로 건설된 궁궐이다. 창경궁이 세워지기 전, 아들 세종에게 왕위를 물려준 태종은 이 터에 수강궁壽康宮을 짓고 살았다. 창경궁이 궁궐의 모습을 본격적으로 갖추기 시작한 시기는 9대 임금인 성종 때다. 성종은 할머니인 세조비 정희왕후 윤씨와 생모인 소혜왕후 한씨, 예종비인 안순왕후 한씨 등 세 대비를 모실 공간이 필요하다고 생각했다. 그러던 차, 공간이 좁은 창덕궁 대신 그곳과 가까우면서 널찍한 터가 눈에 들어왔다. 성종 15년인 1484년에야 비로소 궁궐 공사가 끝났는데, 공사 도중 '창경궁'이라는 이름을 붙였다. 전당 이

름은 당시의 빼어난 문필가였던 서거
정이 지었다.

대비를 위한 처소로 세워졌지만, 창경
궁이 단순히 여성의 생활 공간이었던
것은 아니다. 임금이 거처하면서 정사
를 행할 수 있는 여러 전당이 동시에
들어서 있었다. 때때로 왕들은 창경궁
에서 나라를 이끌었다. 그래도 정궁
은 여전히 창덕궁이었고, 창경궁은 별
궁에 지나지 않았다. 창경궁은 정치적
기능보다 생활 공간의 기능이 컸다.

조선 궁궐의 정전은 모두 남향을 하였
는데, 창경궁의 정전인 명정전은 풍
수지리적인 이유로 지세에 따라 동향
배치되었다.

창경궁은 임진왜란 때 불탔다가, 광
해군 7년인 1615년 중건되었다. 이
때 지어진 명정전은 지금까지 남아 있
는 조선의 궁궐 정전 중 가장 오래되
었다. 창경궁은 중건 9년 만에 이괄
의 난에 휩쓸려 전당 대부분이 타 버
렸다. 인조 11년인 1633년, 광해군이
지은 인경궁仁慶宮을 헐고 그 목재가
창경궁 복원에 쓰였다.

후대 임금들은 창경궁에 새로운 전당
을 속속 지었다. 정조는 어머니 혜경
궁 홍씨가 거처할 집인 자경전과 아버
지 사도세자의 제사를 위한 경모궁景
慕宮을 건설했다. 정조는 이곳을 자주

참배하려고 창경궁 동쪽 담장에 있는
통화문 북쪽에 월근문을 만들었다.

순조 30년인 1830년 8월, 거센 화마
가 궁을 덮쳤다. 많은 전각이 불탄 창
경궁은 순조 33년 창덕궁과 함께 다
시 중건됐다. 우여곡절을 겪으며 왕궁
으로서 이어지다 1907년 이후 일본
의 침략 의도와 함께 본래 모습을 잃
어갔다. 1908년에는 동물원, 식물원,
박물관 등이 들어서고, 일본의 국화인
벚꽃도 심어졌다.

더욱이 1911년 4월 이후 일본은 창경
궁을 창경원으로 격하시키고 놀이 공
간으로 개방해 버렸다. 왕궁의 기능
과 위엄을 완전히 잃어버린 것이다.
1983년 동물원과 식물원이 철거되어
비로소 옛 궁궐의 모습을 되찾기 시작
했다.

총 2,379칸이나 되는 궁궐로 조선의
왕들이 가장 사랑한 궁이 바로 이곳,
창경궁이었다.

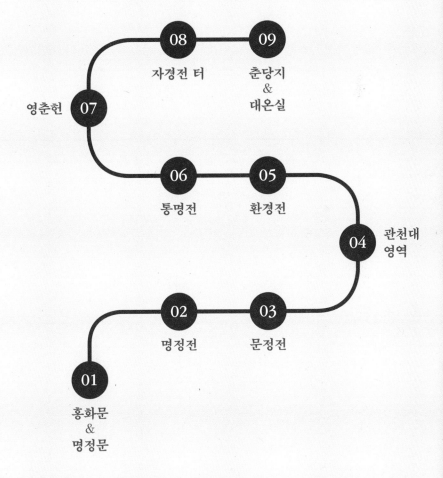

08 자경전 터

09 춘당지
&
대온실

영춘헌 07

06 통명전

05 환경전

04 관천대
영역

02 명정전

03 문정전

01

홍화문
&
명정문

# 01 홍화문弘化門 & 명정문明政門

### 궁궐의 정전까지는 단 1분

이번에는 궁궐 전각까지 빠르게 이동할 수 있을 것 같다. 궁궐의 정문부터 정전인 명정전까지 문 두 곳을 지나치면 정전인 명정전에 이를 수 있다. 그래서 창경궁은 가다 만 듯한 느낌이다. 보통은 정문부터 문 세 곳을 통과해야 중심 전각을 만날 수 있으므로. 그런데 이래야 창경궁이다. 왜 그럴까?

🔊 홍화(弘化)는 '조화를 넓힌다'라는 뜻이다. 창경궁처럼 궁의 정문 역할을 했던 건축물은 경복궁의 광화문, 창덕궁의 돈화문, 덕수궁의 대한문이 있다.

창경궁

# 02  명정전明政殿

**동쪽을 바라보는 궁**

1483년, 성종은 왕실 웃어른들을 모시기 위해 창덕궁 옆에 자리를 마련해 궁궐 하나를 더했다. 정식 궁궐의 격식을 갖추고 '창경昌慶'이라고 이름 붙였다. 그러나 모든 궁이 같은 지위를 지녔던 것은 아니다. 의식을 치르는 정전과 일상 집무를 수행하는 편전을 마련하여 정식 궁궐의 면모를 갖췄지만, 법궁인 경복궁과 분명한 위계의 차이를 두어야 했다. 그래서 남쪽을 바라보지 않고 동쪽을 향하도록 정문과 정전의 방향을 틀었다. 그렇기에 명정전 월대 위에 선 임금은 동쪽을 바라보게 된다. 한양의 남쪽은 명정전 조정 오른쪽 회랑에 서야 볼 수 있다. 독특한 시선이 하나 더 만들어진다. 모든 궁궐은 시작부터 끝까지 하나하나 다 다르다.

◉  명정(明政)이란 '정사를 밝힌다'라는 의미를 지닌다. 국가 공식 행사를 하는 정전이었으나, 명정전에서 열린 행사는 규모가 비교적 작은 행사나 왕실의 잔치 등이었다. 명정전에서 즉위식을 거행한 왕은 인종이 유일하다. 창경궁이 생활 공간으로 기능했기 때문이다.

## 화마가 침범하지 못한 곳

여기 또 하나의 타이틀을 지닌 귀한 전각이 있다. 궁궐의 정전 중 가장 오래된 전각. 1616년에 지어졌다. 임진왜란 이후 광해군은 창덕궁을 먼저 복원했는데, 바로 옆 창경궁도 함께 진행되었다. 창덕궁과 창경궁을 하나의 궁궐로 인식했다는 이야기다. 아무튼 이렇게 뻔하게 기억하기에는 너무 귀한 전각이다. 그러니 다른 방식으로 기억해 보면 어떨까. 옛날 사람들은 불을 악마라고 여겼다. 그래서 종종 '화마'라는 표현을 지금도 쓰곤 한다. 궁궐이 숱한 화재를 겪었으니, 연대가 오래된 전각을 찾아보기 힘들다. 그래도 명정전은 화마가 찾아오지 않은 덕에 4백 년의 세월을 오롯이 느낄 수 있다.

홍화문 & 명정문　명정전　문정전

121

**변칙으로 만들어낸 독특한 아름다움**

전각에서 독특한 장식물을 찾아볼 수 있다. 천랑과 익랑이다. 천랑은 건물 앞이나 뒤와 연결된 복도식 길이다. 익랑은 건물 양옆이나 뒤에 본래 처마보다 더 돌출되게 잇대어 붙인 행랑이다. 궁궐의 전각은 단순하거나 평범하지 않다. 변칙이 만들어낸 독특한 아름다움이 곳곳에 스며 있다.

낮은 자세로 고개 숙인 처마는
비를 얌전하게 하고,
하늘을 향해 무심히 뻗은 처마는
빛을 세심하게 들인다.

# 03 문정전文政殿

## 1762년

문정전의 숱한 일상들은 1762년 윤오월, 임오년 무더운 날 벌어졌던 날을 이기지 못한다. 이곳에서 완고한 아버지의 결정에 아들이 목숨을 잃었기 때문이다. 아버지는 영조, 아들은 사도세자이다.

문정전은 당시 '휘령전'이라는 이름으로 영조의 왕비인 정성왕후의 혼전으로 쓰이고 있었다. 영조는 이곳에 세자를 부른 후 신하들과 세손 앞에서 자결을 명했다. 조선의 미래를 위해 목숨을 거두라. 훗날 정조가 되는 세손은 청천벽력 같은 소식을 듣고 달려와 울며 사정했지만, 소용없었다. 해가 지도록 해결이 나지 않자, 영조는 결국 쌀 뒤주를 가져오게 한 다음 세자를 가두었다. 세자는 그때까지 뒤주에서 운명할 거라고 생각하지 못했을 것이다. 영조는 뒤주를 단단히 끈으로 동여매고 나오지 못하도록 했다. 문정전 앞마당에 있던 뒤주는 담을 넘어 창경궁 서쪽 끝에 있는 선인문 근처로 옮겨졌다. 뒤주에 갇힌 지 8일째 사도세자는 숨을 거두었다. 우리가 알고 있는 '사도'라는 이름은 영조가 세자가 죽은 후에 '슬픔을 애도한다'라는 뜻으로 정한 것이다.

'조선 역사상 가장 비극적인 사건' 하면 떠오르는 이 사건은 왜 일어났을까? 어째서 아버지는 아들에게 칼을 겨누었고, 아들은 아버지를 원망하며 죽어야 했을까? 이들은 평범한 부자 관계가 아니었다. 영조는 한 나라의 임금이었고, 사도는 그런 영조의 기대를 한 몸에 받았던 세자였다. 예민하고 깐깐한 성격의 영조가 어렵게 얻은 아들에게 거는 기대는 우리의 상상 그 이상이었을 것이다. 아들에게 사랑보다 기대와 긴장을 더 많이 주었다. 결국 총명했던 사도는 아버지의 위압감과 부담감을 이겨내지 못하고 엇나갔고 마음의 병이 깊어지기에 이르렀다. 영조를 만나러 가는 시간이 다가오면 긴장함에 옷을 몇 번이고 갈아입어도 끝내 입지 못하고, 천둥 번개를 무서워하다가 이윽고 내시와 궁녀를 죽이기까지 하는 등 폭력적으로 변했다. 상식과 도의를 넘는 행동에 영조는 늘 꾸짖음으로 대응했고, 때로는 달래기도 해봤으나 그때뿐이었다.

임오년에 벌어진 이 사건, 임오화변의 원인에는 여러 해석이 있다. 영조와 사도세자의 너무나도 다른 성격 때문이다, 당시 당파 싸움에 희생이 된 것이다, 사도세자의 돌이킬 수 없는 병 때문이다 등. 하나의 원인으로 단정 지을 수 없다. 복합적으로 얽힌 상황들이 부자 관계를 갈라놓았을 것이다. 그러나 부인할 수 없는 사실은 늘 두 사람 가운데에 '권력'이라는 날카로운 칼날이 서 있었다는 것이다. 궁궐의 어떤 누구와도 나눌 수 없는, 권력이 있었다.

🔊 문정전은 왕의 집무실로 쓰인 곳으로 명정전과 달리 남향을 하고 있다. 그러나 사도세자의 죽음 이후, 죽은 자의 공간으로 여겨왔기에 편전이라는 이름이 무색할 정도로 그 기능이 퇴색되었다.

창경궁

# 04  관천대觀天臺 영역

## 공원인가 궁궐인가

　현재 창경궁의 모습은 '비통하지만 그나마 다행이다'라는 정도이다. 위엄 가득했던 옛 모습은 휑한 공터 위 잔디밭으로 바뀌었다. 일본의 손길이 미친 이후 낯선 서양식 건물이 생겼고, 백성들도 자유롭게 궁궐 안을 활보하며 구경했다. 그렇게 숱한 화재로부터 되살리고 지켜낸 궁궐이건만 무참히 훼손되었다. 1909년부터 일본은 창경궁을 마음대로 주무르기 시작했다. 창경궁의 많은 전각을 허물고 박물관, 동물원, 식물원을 조성했다. 관천대를 중심으로 한 이곳에는 동물원이 있었다. 도시화가 급속히 진행 중인 서울에서 동물들을 관람할 수 있게 된 것이다. 사람들은 이때부터 자연 속에 동물을 가두고 바라보았다. 이제 동물과 함께 살아갈 수 없다는 것을 인증하는 것처럼. 현재는 남은 전각들을 중심으로 주변부가 복원되었다. 나머지 영역은 공원 같은 형태를 갖추고 있다. 공원인지 궁궐인지 알 수 없는 풍경에는 아주 슬픈 사연이 숨겨져 있다.

창경궁 선인문 안쪽 구역에 조성된 창경원 동물원 수금사(水禽舍) 전경을 담은 사진엽서다. ⓒ서울역사박물관

🔈  관천대는 천체의 위치를 관측하는 천문기구인 소간의(小簡儀)를 놓았던 돌로 만든 대이다.
현재 소간의는 찾아볼 수 없다.

# 05 환경전歡慶殿

**1645년**

　　행각이 둘러 있었으나 모두 없어지고 덩그러니 전각들만
남은 현재 환경전. 1645년 5월, 청나라에 인질로 끌려갔던 소현세자
가 돌아온 지 두 달여 만에 이곳에서 갑자기 죽음을 맞았다.

　　때는 조금 더 과거로 거슬러 올라간 1636년. 조선은 청나
라의 침략으로 시작된 병자호란에서 굴욕적으로 패배했다. 다음 해
1월, 매서운 추위 속에 인조는 무릎을 꿇고 항복했다. 아들 소현세자
는 동생 봉림대군과 함께 인질이 되어 청나라 심양에 끌려갔다. 8년
의 세월이 지나 소현세자가 돌아왔다. 조선의 많은 백성은 홍화문 앞
에 나와 눈물을 흘리며 세자를 맞아주었다. 그런데 아버지 인조는 어
떤 까닭인지 세자가 알현할 때까지 한 발짝도 나오지 않았다.

　　병자호란은 인조에게 트라우마를 남겼다. 조선은 명을 중
심으로 한 중화 질서를 어지럽힌 청을 오랑캐로 여겼으니, 청나라를
중심으로 한 국제 질서를 직시하기 힘들었다. 그러니 돌아온 세자가
고군분투하며 조선과 청의 관계를 원만하게 하려고 노력하는 것 자
체를 못마땅하게 여긴 것이다. 청나라가 빠르게 발전하는 까닭은 무
엇이며, 조선에 어떤 보탬이 될 것인지 생각하고 연구하는 세자의 행
동이 인조의 마음에는 마음에 들지 않았다. 더 나아가 인조는 세자가
청과 모략해 자신을 폐위시킬 거라는 망상에 빠지기도 했다.

　　소현세자는 내 나라에 돌아와서도 외로웠다. 그리고 갑작
스럽게 환경전에서 죽음을 맞았다. 인조는 세자의 장례식을 일반 사

대부와 같은 예를 갖춰 마무리했다. 성리학 질서의 조선 사회에서는 있을 수 없는 일이었다. 상식적으로도 이해되지 않은 태도에 신하들조차도 당황했다.

세자의 죽음에 석연치 않은 점이 있다는 것은 실록에도 담겨 있다. 인조실록을 보면 세자의 몸에 검은빛이 가득하고, 이목구비 일곱 구멍에서 많은 피가 흘러나왔다는 기록이 있다. 세자가 죽은 다음 날 시신을 염습하는 데에 참여했던 왕족이 시신을 관찰하고 다른 사람에게 증언한 내용을 사관이 기록했다. 사관은 권력의 방향을 따지지 않고 사실에 기반한 내용을 적기 때문에 소현세자 죽음에 관한 기록은 더욱 충격일 수밖에 없다. 지금까지도 인조가 소현세자의 죽음에 관여했을 거라는 추론이 제기되는 이유다.

권력이라는 감투는 때로는 자신에게 돌아올 칼날이 되기도 한다. 인조는 조선 최악의 군주라는 참혹한 평가의 칼날에 맞았고, 소현세자는 청나라를 넘어설 창대한 조선을 만들고 싶다는 꿈을 지녔으나 운명의 칼날은 피하지 못했다. 조선의 비극적 사건을 하나 더 곱씹으니, 창경궁이 마냥 아름답게만 보이지는 않는다.

🔊 환경(歡慶)이라는 이름은 서거정이 지었으며 '기쁘고 경축한다'라는 뜻을 담고 있다. 창건 초기에는 왕실 가족의 침전으로 주로 사용되었으나, 조선 후기에는 장례 공간으로 많이 활용되었다.

# 06 통명전通明殿

## 장희빈 다시 보기

이번 이야기의 주인공은 여성이다. 왕비의 전각인 통명전을 더 드라마틱하게 만드는 건 바로 희빈 장씨이다. 숙종의 명으로 사약을 받아 생을 마감한 희빈 장씨는 일개 궁녀에서 왕비 자리까지 올랐던 전무후무한 여인이다. 희빈 장씨가 사약을 받게 된 것은 이 통명전 뒤뜰에 인현왕후를 저주하는 동물의 사체를 묻어놓았다가 적발되었기 때문이다. 왕비가 되어서도, 후궁으로 격하되어서도, 투기를 멈추지 않았다는 이유도 있다.

여기서 희빈 장씨와 인현왕후의 삶을 한번 되짚어보고 싶다. 철저하게 남성 중심, 왕을 중심으로 권력이 움직이는 곳에서 과연 두 여인이 숙종의 사랑을 두고 치열하게 다툴 수 있었을까. 숙종의 두 번째 왕비인 인현왕후와 왕비의 자리에 잠시 올랐던 희빈 장씨, 두 여인의 삶을 단지 왕의 사랑과 왕비라는 자리를 두고 서로 시기했다는 것만으로 정리하기엔 이해하기 힘든 부분이 많다.

사실 두 여인의 죽음에 이르게 된 원인을 살펴보려면 서인과 남인 간의 세력다툼, 그리고 강력한 왕권을 이어가고자 했던 숙종을 자세히 들여다봐야 한다. 먼저 숙종은 효종, 현종에 이은 적통으로 왕위 계승에 강한 자부심을 지닌 왕이었다. 거기다 어린 나이에 왕이 되었음에도 스스로 능력을 키워 나라를 다스렸다. 국정 주도권을 쥐고 정권을 교체하는 환국을 세 번이나 하면서 신하들을 발아래에 두었다. 인현왕후는 서인 정권을, 희빈 장씨는 남인 정권을 대표했으니

정권이 교체될 때마다 그 세력을 대표하는 여인들의 자리도 바뀌었을 것이다. 적어도 여인들이 주도하여 왕을 움직이고 당파 싸움을 조장한 것이 아니라는 이야기다. 고요하고 조용한 창경궁의 한켠에서는 생사를 넘나드는 권력 암투가 있었다.

그래서 왕비로 간택되는 것이 마냥 좋은 일은 아니었다. 정쟁에 의해 멸문지화를 당할 수 있으니. 간택 단자를 내는 일에 적잖이 고민되었을 것이다.

◀: 통명(通明)은 '통달하여 밝다'라는 뜻으로 이 이름 역시 서거정이 지었다. '크게 밝은
전각에 앉아서 백성들의 삶을 통달하여 국가를 잘 다스리라'라는 깊은 뜻이 담겨 있다. 창경궁의
침전이었으나 그 규모나 쓰임새에서 으뜸이었다. 왕의 침전으로 주로 쓰여 궁궐 안 가장 깊숙한
곳에 자리 잡았는데, 왕비의 침전인 환경전처럼 남향을 하고 있다.

창경궁

136

# 07   영춘헌迎春軒

### 정조의 마지막

조선 후기를 대표하는 성군인 정조는 영춘헌에서 검소하게 생활한 것으로 알려져 있다. 왕으로 즉위한 이래로 성실하게 정사를 돌보았고, 궁궐 밖으로 나가 백성들의 생생한 이야기도 가장 많이 들은 군주였다. 조선의 미래를 위해 새로운 상업, 군사 도시인 화성을 전략적으로 건설하기도 했다. 영춘헌에서 안경을 쓴 채로 밤새도록 나랏일에 매진했던 정조를 떠올리면 49세에 찾아온 다소 이른 죽음이 안타깝기까지 하다.

🔊  영춘(迎春)은 '봄을 맞는다'라는 뜻이다. 창경궁의 주거 건물이다. 후궁의 거처로 주로 사용되기도 했으나, 정조 이후 많은 왕이 이을 서재 겸 집무실로 활용했다.

# 08  자경전慈慶殿 터

## 사진의 정석

　　궁궐을 몇 년 제집 드나들 듯 다녔으니 남들 모르는 스팟 하나는 꼭 발견해 보리라는 욕심이 생기기도 한다. 그런데 그런 욕심을 다 잊게 만드는 장소가 하나 있다. 그저 잠시 할 말을 잃게 하는 곳, 결국 다 버리고 여기 하나만 있으면 되는구나 하는 곳. 양화당과 집복헌 사이에 암석이 바닥에 박혀 있고, 돌계단이 레드카펫처럼 깔린 곳을 다 오르면 풍경이 등 뒤에 펼쳐진다. 온 마음을 다해 셔터를 누르고 싶게 만든다. 중간에 멈추면 안 된다. 계단 꼭대기에 올라선 뒤에 슬로비디오를 찍듯이 천천히 돌아서야 한다. 그러면 주변에 벤치가 왜 늘어서 있는지 단번에 알 수 있다. 그 뒤에 고층 빌딩들이 서 있으니 어느 시간대에 멈춰 서 있는지 혼란스러우면서 동시에 설렌다. 멋진 경치를 바라보는 이 자리는 자경전이 있던 곳이다. 정조가 어머니 혜경궁 홍씨를 위해 만든 전각이다. 혜경궁은 국왕의 생모이지만 남편인 사도세자가 왕의 신분이 아니었기에 대비로 추대할 수 없었다. 그래서 혜경궁 홍씨가 머무는 공간에도 대비 지위를 상징하는 '자경전' 현판이 놓일 수 없었다. 그러나 정조는 사실상 어머니를 극진히 대우하며 대비처럼 모셨다. 정조가 보여준 효도를 더 깊이 느껴 보고 싶다면 혜경궁 홍씨의 회갑연을 치렀던 화성행궁을 꼭 가 보기를.

🔊 '자경(慈慶)'은 56페이지에서도 언급했지만, '자친(慈親, 어머니)이 복을 누리다'라는 뜻이다. 정조가 어머니 혜경궁 홍씨를 위해 지었다. 창경궁의 대비전이다.

창경궁

# 09  춘당지春塘池 & 대온실

## 의도치 않았던 변신

    멋진 경치에 한 번, 숨겨진 이야기에 또 한 번 놀라는 곳에 걸음이 다다랐다. 춘당지는 창경궁에 있는 연못으로 뒤편 산자락에서 흘러내린 물을 모아 만들어진 곳이다. 허리가 통통한 호리병 같은 모습으로, 연못 가운데 나무가 빼곡히 심어진 작은 섬이 자리하고 있다. 그런데 이 아름다운 풍광에는 숨은 사연이 있다. 사실 춘당지 영역은 지금보다 반 이상 작았다. 춘당지 오른편에는 궁에서 관리하는 '내농포'라는 작은 논이 있었다. 임금이 매년 백성에게 모범을 보이기 위해 논밭을 가는 친경례 의식을 펼치던 곳이다. 그런데 1909년에 일본이 창경궁을 창경원으로 만들면서 내농포를 없애고, 연못을 더 파내 춘당지를 넓혔다. 이후 1983년 창경궁이라는 이름을 찾을 때까지 이곳은 낮에 공원으로, 밤에는 조명이 잔뜩 켜진 벚꽃 놀이터로 인기를 누렸다. 여기서 보트를 타거나 스케이트를 타기도 했다. 또한 일본은 춘당지 뒤에 대온실을 만들어 닫힌 자연을 전시했다. 일본의 손길을 거쳐 조성된 서양식 구조물은 대한민국이 엄청난 경제성장을 이뤄내던 시기까지 그 자리에 있었다.

🔊    연못의 명칭은 인근에 있는 춘당대(春塘臺)에서 따온 것이다. 춘당대는 영화당 동쪽에 있는 넓은 마당으로, 과거시험을 보거나 기우제를 지내는 등의 용도로 사용된 장소이다.

慶熙宮

<u>04</u>

# 경희궁

## 치유를 기다리는 상처

창건부터 지금의 황량함에 이르기까지,
굴곡진 세월은 경희궁에 비할 데가 없다.
어디가 궐의 시작인지 헷갈리기까지 한 곳.
생각지도 못한 지점에서 마주하는 이야기가 꽤나 재미있다.

# GYEONG
# HUI
# GUNG

경희궁은 본래 경덕궁慶德宮이라는 이름을 지니고 있었다. 그러나 원종(인조의 아버지)의 시호인 '경덕敬德'과 같은 발음이라 하여 영조 36년인 1760년에 경희궁으로 그 이름이 바뀌어 지금까지 내려오고 있다.

창건된 것은 광해군 9년인 1617년이다. 당시 광해군은 창덕궁을 흉궁이라고 꺼려 길지에 새 궁을 세우려고 인왕산 아래에 인경궁仁慶宮을 창건했다. 그런데 인조의 아버지인 정원군의 집 자리에 왕기王氣가 있어 이를 눌러 없애기 위해 별궁을 짓기로 했고, 이를 경덕궁이라고 했다. 광해군이 지었지만, 그는 이 궁에 들지 못한 채 반정으로 왕위에서 물러났다. 아이러니하게도 결국 왕위는 정원군의 장남에게 이어졌으니 그가 곧 인조다.

인조가 즉위하였을 때 창덕궁과 창경궁은 인조반정과 이괄의 난으로 모두 불타 버렸기 때문에, 이 궁에서 정사를 보았다. 창건 때는 유사시에 왕이 잠시 머무는 이궁離宮으로 지어졌으나, 궁의 규모가 크고 인조 이후 여러 임금이 이 궁에서 정사를 보면서 중요시되었다. '동궐'인 창덕궁과 비교되며 '서궐'이라고 불렸다.

창덕궁과 창경궁이 복구된 뒤에도 경희궁에는 여러 왕이 머물렀고, 이따금 왕의 즉위식도 거행되었다. 숙종은 이 궁의 회상전에서 태어났고, 승하한 것도 역시 이 궁의 융복전에서였다. 경종 또한 경희궁에서 태어났고, 영조는 여기서 승하하였다. 정조는 숭정문에서 즉위했다.

경희궁은 건물의 외전과 내전이 좌우 나란하고 전체적으로 동향을 하고 있어, 정궁인 경복궁과는 매우 달랐다. 또한 정문이 바른쪽 모퉁이에 있다는 점도 특이하다. 이런 점은 창덕궁에서도 보이는 현상인데, 의도적으로 경복궁보다는 격식을 덜 차린 것이다. 전체적으로 자연 지세가 잘 남아 있으며 뒤쪽에는 울창한 수림이 그대로 보존되어 있어 아직도 궁궐의 자취를 상당히 간직하고 있다.

화재와 노후화 등으로 수차례 수리를 거치며 조선 왕조의 궁으로 애용됐다. 그러나 일제강점기에 건물이 대부분 철거되고, 일본인들의 학교로 사용하면서 궁궐의 자취를 완전히 잃고 말았다. 이미 1907년 궁의 서편에 일본 통감부 중학이 들어섰고, 1910년 궁이 국유로 편입되어 1915년 경성중학교가 궁터에 설립되었다.

이러한 과정에서 궁내의 건물은 철거되어 없어지거나 다른 곳에 이전되기도 하였고, 그 영역도 주변에 각종 관사 등이 들어서면서 줄어들었다. 대한민국 정부 수립 이후 이곳은 중고등학교로 사용되면서 주변 대지 일부가 매각되어 궁터가 더욱 줄어들었다.

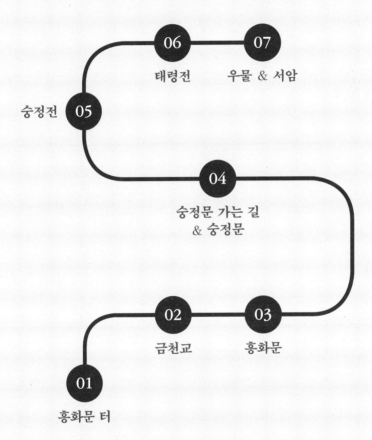

06 태령전  07 우물 & 서암

숭정전 05

04 숭정문 가는 길
& 숭정문

02 금천교  03 홍화문

01 홍화문 터

# 01 　흥화문興化門 터

**표지석으로 시작하는 역사 여행**

　이번에는 색다른 장소에서 또 하나의 궁궐 여행을 준비해 볼까? 미팅 장소는 서울역사박물관 앞 카페다. 부드러운 크림이 매력인 아인슈페너 한 잔과 잠시 시간을 보내면 기분이 한결 좋아진다. 자, 이제 발걸음을 옮겨보자. 카페를 나와 입구 왼쪽을 보면 표지석 하나를 발견할 수 있다. 위치를 알려주는 비석에는 '흥화문 터'라고 쓰여 있다. 언제나 위엄 있는 정문을 바라보고 궐 안으로 들어갔는데 이게 뭐람. 도대체 경희궁의 정문은 어디 가고 비석만 남았을까? 경희궁과의 만남은 정문을 찾는 것부터다. 덧붙여 말하자면 경희궁 여행은 사라진 공간의 흔적을 보면서 상상하는 시간이 더 많을 것이다. 다행히 흥화문은 다른 곳에 잘 자리하고 있으니 이따가 만나러 가자.

서궐도안(西闕圖案)을 채색해
만든 경희궁도에는 흥화문과
금천교의 모습이 기록되어 있다.
ⓒ 서울역사박물관

경희궁

🔊 흥화(興化)는 '교화를 북돋는다'라는 뜻이다. 광해군이 건립한 경희궁의 정문이다. 고종 때 경복궁 중건을 위해 경희궁 건물들을 거의 전부 헐어 자재로 사용할 때도 숭정전, 흥정당과 함께 살아남았다.

# 02 금천교錦川橋

## 박물관 입구에 있는 다리

만일 카페 자리에 홍화문이 있었다면 궁궐에 좋은 기운을 들이기 위해 설치된 물길과 물길 위 다리인 금천교도 있었을 것이다. 카페에서 나와 서울역사박물관으로 발걸음을 디디면 어느새 그 다리 위에 올라와 있을 것이다. 지금은 금천교의 부재 일부를 찾아 복원한 모습이다. 한 사람의 인생도 마음먹은 대로 흐르지 않듯, 한 나라의 운명도 결국은 어색하고 낯선 그림으로 남았다.

# 03  흥화문興化門

### 돌아와 줘서 고마워

경희궁 복원 작업이 마무리되고 1988년 흥화문이 궁으로 돌아왔다. 비록 제자리는 아니었지만 오랜 시간 잘 버텨준 것만으로도 고마울 따름이다. 경희궁은 광해군이 풍수지리학자의 추천을 받아 인왕산 아래 왕기가 가득한 터에 '경덕궁'이란 이름을 붙여 지은 궁궐이다. 이후 숙종과 영조가 가장 활발하게 이곳을 활용했다. 영조 시기에 '경희궁'으로 이름을 고쳐 지금까지 내려오고 있다. 그러다 조선 말, 고종이 경복궁을 중건하면서 웅장함을 잃었다. 경희궁의 전각을 헐어 경복궁 중건에 사용하면서 궁궐의 모습을 잃었고 대한제국 시기 이곳에는 뽕나무만 무성해졌다. 그러다가 일제강점기에는 남은 전각마저 헐려 다른 곳으로 뿔뿔이 흩어졌다. 흥화문은 일본이 남산 자락에 세운 이토 히로부미의 사당인 박문사의 정문이 되었다. 우리에게는 원수, 일본에는 영웅인 그의 사당을 조선의 수도, 그것도 어디든 아우를 수 있는 산 중턱에 지었다. 시대가 바뀌어 대한민국 정부 수립 후 그곳에는 외교 사절 접대를 위한 영빈관이 들어섰다. 지금은 신라호텔이 자리하고 있는 그곳이다. 한양의 서쪽 궁궐인 경희궁은 사람들에게 그저 희미한 기억 속 이름으로 남았다.

경희궁

다행히도 그 가치를 본래 경희궁 터에서 느낄 수 있게 되었
다. 흥화문은 고향으로 돌아갈 생각이 조금은 기쁘지 않았을까. 1988
년 이전 당시 아쉽지만 원래 자리에 구세군회관이 들어서 있었다. 그
래서 서쪽으로 백 미터 정도 옮겨져 복원되었다. 기둥에 손을 대고 힘
든 시간을 버텨 준 흥화문에 고마움을 전하고 싶다.

# 04  숭정문崇政門 가는 길
# & 숭정문

## 공원이 된 궁궐

　　유적으로 관리하지만, 입장료를 받지 않는 곳이다. 이곳은 이름 뒤에 공원 호칭이 붙은 유일한 궁이다. 그래서인지 정문을 통과해 들어와 보면 벤치가 참 많다. 1980년대 경희궁지 복원 작업 계획을 수립하면서 두 차례 발굴 작업이 진행되었다. 중심 공간인 숭정전의 장대석, 회랑 아래 암거 배수구, 계단 일부를 확인했지만 세월이 덧대지면서 다양한 건물이 지어지니 온전한 옛 흔적을 찾기 어려웠다. 전각이나 담장 등의 시설물과 산, 수목 등 주위 자연을 열두 폭 종이에 먹선으로 묘사한 그림인 '서궐도안'이 있지만, 그림만으로 당시 모습을 단정하여 복원할 수는 없었다. 결국 기록이 정확하거나 유구가 남은 부분만 복원하고 나머지 공간은 서울역사박물관과 공원으로 조성했다. 지나간 모든 시간을 온전한 모습으로 곁에 두기 어렵다는 사실을 알지만, 벤치에 가만히 앉아 있자니 아쉬운 기분만 든다.

🔊　숭정문은 경희궁의 정전인 숭정전의 정문인 만큼 공적인 사용 빈도가 높은 문이었다. 이 문에서 경종과 정조, 헌종이 즉위하였다.

경희궁

# 05  숭정전崇政殿

## 광해의 욕망으로 태어난 궁궐

광해군 재위 시절, 임금 주변에 풍수지리학자들이 많았다. 아버지 선조에게도, 명나라에도 제대로 인정받지 못했던 광해군은 왕권을 공고히 하는 데에 혈안이 돼 있었다. 그때 임금 옆에서 속삭이는 풍수지리학자들의 견해는 꽤나 달콤했을 것이다. 창덕궁에서는 단종도 노산군이 되어 궁에서 쫓겨나고 연산군도 쫓겨났으니, 임진왜란 후에 복원이 필요했어도 불길하다고 느꼈을 것이다. 그래서 인왕산 아래 왕의 기운이 있다는 곳에 궁을 짓고 거처를 옮기고 싶었을 것이다. 그렇게 광해군은 그 터에 있던 가옥들을 헐고 궁을 지었다. 전란이 끝난 지 얼마 되지 않았던 때라 임금이 새로 궁궐을 또 짓는다고 했을 때 백성들은 어떤 기분이었을까? 신하들의 상소도 이어졌지만, 결국 왕은 궁궐 건설을 포기하지 않았다. 자신의 권력을 지키고 싶었던 마음처럼.

🔈 숭정(崇政)은 글자 그대로 '정사를 드높인다'라는 뜻이다. 그래서 나라를 다스릴 때 겸손한 마음과 존중하는 마음으로 정치를 하라는 의미도 담고 있다. 화재와 의도적 훼손 등으로 제 모습을 찾기 어려웠는데 그나마 1990년 숭정전, 1991년 숭정문, 1993~1994년 숭정전과 숭정문을 잇는 행각이 차례로 복원되었다.

## 높은 경사로 만나는 권력의 힘

숭정문에서 숭정전으로 오르는 계단에 이어 숭정전 월대 계단까지, 가쁜 숨이 몰아친다. 힐을 신고는 절대 오르지 못하니 편안한 신발은 필수다. 인왕산 아래 경사진 곳에 궁궐을 짓다 보니, 왕이 서 있는 곳은 가장 높고 왕이 바라보는 곳은 낮다. 경희궁 전체에 평지가 없다고 해도 과언이 아니다. 그래서 의식을 치르는 정전의 조정마저 경사가 심하다. 조정 양쪽 회랑의 지붕을 보면 지형의 특징을 단번에 알아차릴 수 있다. 물론 다른 궁궐도 조정 마당을 조성할 때 정전을 우러러볼 수 있도록 전각이 배치된 조정의 북쪽을 조금 높게 조성하지만, 마당의 박석을 밟는 사람은 실제로 그것을 인지하지 못한다. 은근하고 자연스럽게 경사를 만들었기 때문이다.

그런데 이곳은 인왕산 자체가 경사가 높은 암벽으로 이루어져 있다 보니 경사진 궁궐이 되었다. 하나 더, 경희궁의 전체 영역을 놓고 보면 숭정전은 가장 서북쪽에 있다. 흥화문 터에서 서쪽으로 깊숙이 들어와 다시 북쪽으로 올라가야 숭정전에 이를 수 있다. 정문에서 정전까지의 동선은 궁궐 중에 가장 길다. 경복궁과 창덕궁은 정문에서 정전까지 270미터 정도인데 경희궁은 원래대로라면 4백 미터 정도다. 이곳은 지형 특징과 동선 효과로 건물의 위계를 더 강하게 드러냈다. 왕은 조선의 수도를 눈에 한껏 담을 수 있었겠지만 오가는 신하들은 곤욕이고, 궁궐을 바라보는 백성들에게는 '가까이하기엔 너무 먼 당신'이었을 것이다.

경희궁

# 06 태령전泰寧殿

## 호기심과 용기만 있으면 만날 수 있다

이곳은 사람들의 발길이 거의 닿지 않는다. 정치가 이뤄지던 숭정전과 자정전은 앞뒤로 나란히 있어 발걸음이 자연스레 이어지지만, 태령전은 궁 가장 서쪽에 있어 행각 사이 틈으로 나가지 않으면 볼 수 없다. 낯선 곳으로 가고자 하는 용기가 조금은 있어야 한다. 그러면 새로운 장면이 눈 앞에 펼쳐진다.

태령전은 왕의 어진을 봉안하고 향을 피워 절을 올리는 곳이었다. 한 마디로 왕실 사당이다. 유교 문화에서는 관혼상제의 예 중에 상례와 제제례가 가장 중요하다. 그래서 궁궐에는 왕실 사당이 있었다. 두 차례 전쟁 후 사회 안정기를 맞은 숙종과 영조 재위 시기, 경희궁에 의례 공간이 형성되었다. 지금은 영조의 어진을 모사본으로 볼 수 있다. 선왕에 대한 그리움과 섬김을 영원토록 행했던 곳이다.

태령전 뒤에는 인왕산과 연결되어 있는 커다란 암석들이 있다. 그중 입을 벌리고 있는 듯한 모양의 서쪽 암석에는 적은 양이지만 마르지 않는 샘이 있다. 그동안 멈추지 않고 흘렀던 시간처럼 물이 흘렀던 흔적도 남아 있다.

🔊 태령(泰寧)은 '넉넉하고 편안하다'라는 의미를 지니고 있다. 태령전은 숭정전의 좌측에 있는 전각으로 문효세자의 위령제를 지내는 등 왕실의 사당 역할을 했던 곳이다. 현재 영조의 어진이 봉안돼 있다.

# 07 우물 & 서암

### 집에 반드시 필요했던 것

궁궐은 큰 의미로 보면 국가의 정사
를 보는 곳이지만, 결국은 사람이 사는 집이
다. 그런 관점에서 가장 필요한 것은 무엇이
었을까? 경희궁에 있었던 우물 중 하나는 서
울역사박물관 야외 전시 공간에 있다. 서울역
사박물관은 경희궁 터에 지어진 곳이니.

德壽宮

## 05
# 덕수궁
### 도심의 여백

적극적으로 개혁에 임하던 대한제국의 시간으로 돌아갈 차례이다.
황제로 변신한 고종은 황룡포를 입었고,
궁궐에는 서양식 건축물이 하나둘 생겨났다.
힘겨운 시간을 보낸 궁궐에 격려의 박수를 보내고 싶다.
덕수궁 사랑에서 주문한 가배 한 잔이 시간여행을 더 재미있게 만들어준다.

# DEOK
# SU
# GUNG

가장 마지막에 지어진 조선의 궁궐, 덕수궁. 누구나 접근하기에 쉬운 위치임에도 왕궁으로서의 존재감은 미약하다. 근대 덕수궁에서 이뤄진 일들은 개항과 아관파천, 을사늑약과 국권피탈이라는 굵직한 사건들로 이어졌다. 역사적 전환점이 이뤄진 현장이지만 사건의 결과만 기억될 뿐이다.

애초 이 자리에는 경운궁慶運宮이 있었다. 원래 성종의 형인 월산대군의 저택이었으나, 임진왜란으로 한양의 모든 궁궐이 불타 없어지자 선조 26년인 1593년부터 임시 궁궐로 사용되었다. 이후 1615년. 재건한 창덕궁으로 광해군이 이어移御함에 따라 별궁으로 남게 됐다. 이때 광해군이 '정

릉동 행궁'으로 불리던 이곳에 경운궁
이라는 궁호를 붙였다.

이후 오랫동안 묻혀 있던 경운궁이
한국사의 전면에 다시 등장한 것은
1897년 대한제국이 출범하면서부터
다. 아관파천 이후 고종이 경운궁으
로 거처를 옮기며 비로소 궁궐다운 장
대한 전각들을 갖추게 되었다. 일부
는 서양식으로 지어지기도 하였다.
궁내에는 역대 임금의 영정을 모신 진
전眞殿과 궁 정전인 중화전 등이 세워
졌고, 정관헌, 돈덕전 등 서양식의 건
물도 들어섰다.

고종이 경운궁에 머무르고 있던 1904
년에 궁에 큰불이 나서 전각 대부분이
불타 버렸다. 그러나 곧 복구에 착수
하여 대부분이 복원 되었다. 1906년
대안문도 수리되었는데, 이 문은 이
후 대한문으로 개칭되었고 궁의 정문
이 되었다.

1907년 새로 즉위한 순종은 창덕궁
으로 거처를 옮겼다. 태상황太上皇이
된 고종은 계속 경운궁에 머무르게 되
었는데, 이때 궁호를 경운궁에서 '덕
수궁'으로 바꾸었다. 덕수궁 하면 떠
오르는 서양식의 대규모 석조건물인
석조전은 1910년에 건립되었다.

덕수궁은 주요 가로와도 직접 면하여
있지 않은 곳으로 조선 후기에 제작된
고지도에도 나타나지 않는다. 따라서
이곳은 궁이 있는 곳으로는 여겨지지
않던 것으로 보인다. 덕수궁은 결국
고종 말년에 왕이 이곳으로 거처를 옮
기면서 갑자기 궁궐로서의 모습을 갖
추었으며, 건물의 배치도 이때 들어
와서 자리를 잡게 되었다라고 볼 수
있다. 전통 규범 속에서 서양 건축을
수용한 궁궐이자 주변 환경에 맞춰 건
축된 게 특징이다. 근현대사의 아픔
을 간직하며 전통과 근대 서양의 건축
사조가 공존하는 독특한 궁궐이다.

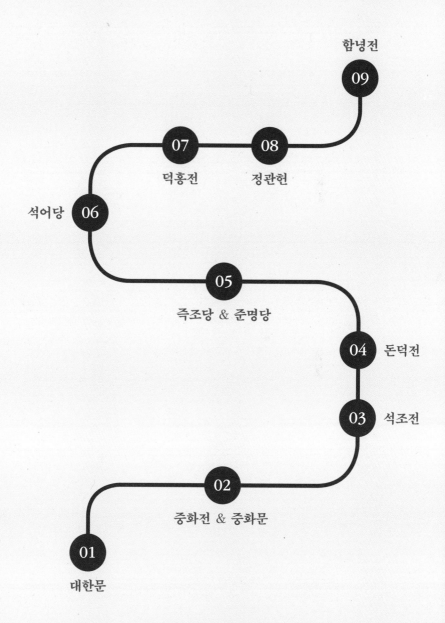

함녕전

09

07 08

덕홍전 정관헌

석어당 06

05

즉조당 & 준명당

04 돈덕전

03 석조전

02

중화전 & 중화문

01

대한문

# 01 대한문大漢門

## 동쪽 문에서 정문으로

덕수궁에도 출입문이 여럿 있었다. 궁궐 정문은 남쪽의 인화문이었다. 그런데 정문 위치가 동쪽으로 바뀌었다. 대한문 맞은편에 대한제국의 상징이라고 할 수 있는 제단 '환구단'이 세워지고 앞길의 교통이 원활하면서 정문을 바꾼 것이다. 사실 인화문 앞길은 길이 좁아 이동하기 불편했다. 한순간에 지위가 격상된 대한문은 우리나라 근대사의 숱한 사건이 오가는 주 출입문이 되었다.

🔊 원래 이 자리에 있던 문의 명칭은 대안문(大安門)이었다. 대안은 '나라가 편안하고 국민을 편안하게 하라'라는 뜻이었다. 그러나 1904년 경운궁에 발생한 대화재로 인해 대안문 역시 피해를 당하여 수리를 진행했다. 1906년에 수리가 완료되었고, 이 과정에서 건물의 이름을 대한문으로 바꾸었다.

# 02   중화전中和殿 & 중화문中和門

### 그래도 여기는 정전

금천교를 건너 1897년 선포된 대한제국의 중심, 중화전을 만나러 가는 길. 그런데 정전의 정문과 정전 분위기가 사뭇 낯설다. 상상했던 모습은 이런 것이었다. 행각이 양쪽에 길게 늘어서 있고, 그 행각이 만나는 남쪽 중간 지점에 문을 설치한다. 그 문이 열리면 비로소 북쪽에 중층 지붕의 모습으로 정전이 우뚝하고, 그 앞마당에는 돌이 깔린 조정이 펼쳐진다. 신하들은 조정 마당에 일렬로 위치한 품계석에 자리하고, 황제가 올라 나라의 의식이 진행된다. 그렇게 궁궐의 정전에는 고요하고 무거운 기운이 감돌아야 하지 않나? 그런데 이곳은 문은 있으나 공간을 휘어 감는 행각이 없다. 더구나 의식을 펼치는 정전은 중층 지붕이 아닌 단층으로 마무리되었다. 어찌 된 것일까? 먼저 1911년에 석조전 정원 공사하면서 중화전 서쪽 행각이, 1913년에 이왕직 사무소(황실 구성원과 조직 관리를 위해 일제가 만듦)를 건립하면서 중화전 동쪽 행각이 헐렸다. 그렇게 정전을 출입하는 문은 장식처럼 서 있게 되었다. 그리고 정전의 중층 지붕은 궁궐에 불이 나면서 단층으로 바뀌었다. 대한제국의 포부를 알리며 1902년 세워진 중화전은 아쉽게도 1904년 대화재로 잿더미가 되었다. 원래 모습대로 다시 지을 정치적, 경제적 여력이 충분하지 않았다. 1905년에는 을사늑약까지 체결되었다. 그렇게 중화전은 굴곡진 대한제국의 역사 속에 단층으로 남았다.

자주 독립국을 향한 대한제국의 굳건한 의지는 현판에서도 엿볼 수 있다. 덕수궁에서 황제로 등극한 고종은 서양 강대국들이 우리나라로 침탈해 오는 상황 속에서도 중심을 잡고자 했다. 중화中和는 '치우치지 않는 바른 성정'을 뜻한다. 고종 황제의 그 의지는 정전 이름에 반영되었다. 경복궁은 근정전, 창덕궁은 인정전, 창경궁은 명정전, 경희궁은 숭정전. 정전의 이름 가운데에는 '정사政事'를 의미하는 '정政'을 넣었다. 그런데 덕수궁만이 규칙에서 벗어났다. 그만큼 당시 특수한 상황에 놓여 있었다는 것을 알 수 있다. 간절하고 굳건한 각오가 필요했을 것이다. 눈에 보이는 궁궐의 풍경에 역사적 사실들이 더해지면 더욱 깊은 안목을 얻을 수 있다. 아직 더 할 이야기가 많다.

◀ 중화전은 덕수궁의 정전으로 임금의 하례(賀禮)를 받거나 국가 행사를 거행하던 곳이었다. 중화문은 중화전의 정문이다. 수백 년간 관리되지 않은 경운궁을 고종이 거처로 삼으려니 대공사가 필요했고, 그래서 한동안은 기존에 있던 즉조당을 정전으로 사용했다.

### 덕수궁과 풍경

개방적인 시선이 만들어져서 그런지 궁궐
너머의 풍경이 안으로 많이 들어온다. 덕수궁 뒤로 빌
딩 가득한 현대 서울의 풍경이 펼쳐진다. 경복궁과 창
덕궁처럼 배경으로 산이 보이지 않는다. 덕수궁은 왜
이런 곳에 지어졌을까? 궁금하면 석어당까지는 포기
하지 말고 걸어가 보자.

의기(意氣)를 잃지 않고
굳건히 버틴 역사 앞에
발걸음은 자연히 겸손해진다.

### 중화전의 시간을 기억하는 나무

중화전을 멀리서 바라보려고 주위를 크게 한 바퀴 돌다가 넘어질 뻔했다. 거대한 나무뿌리가 땅 위로 굽이쳐 있었다. 이 나무들은 대체 언제부터 여기 있었을까? 덕수궁에서 벌어진 일들을 어디까지 기억하고 있을까? 아무 말 하지 않는 나무이고, 어느 편에도 서지 않았던 나무이기에 오랜 세월 이 자리를 지킬 수 있었던 것 같다.

# 03  석조전石造殿

## 돌로 만든 건물

대한제국의 황궁을 더욱 다채롭게 볼 수 있는 전각이 여러 채 있는데, 당연히 가장 이목이 쏠린 전각은 석조전이다. 10년의 공사 끝에 1910년 완공되었다. 석조전은 유교적 질서에서 벗어나 서양 사상과 문물을 받아들이겠다는 마음가짐이 담긴 건물이다. 그래서 이곳에서만큼은 새로 들인 것과 덜어낸 것은 무엇인지 알고 보는 재미를 느꼈으면 좋겠다.

먼저 새로워진 것을 찾아볼까? 3층 건물의 모든 층은 용도가 제각기 다르다. 이전까지는 한 전각이 하나의 용도로 사용되었다. 그리고 전각 앞 정원도 새로운 형식으로 지어졌다. 전체적으로 보면 오히려 조경이 주인공이고, 전각이 배경인 듯하다. 반대로 그동안 익숙했던 것은 눈에 보이지 않는다. 하늘로 뻗어 올라가는 기와지붕과 추녀마루도 없다. 햇빛에 따라 다른 분위기를 연출하는 기둥과 창살도 없다. 대한제국이 만들어 나갈 근대화를 석조전으로 대신해도 좋지 않을까? 사고방식을 바꾸었기에 겉모습 또한 달라진 것이다.

◀: 석조전은 여러모로 조선 왕실의 전통과는 그 결이 달랐다. 석조(石造)는 '돌로 만들었다'라는 의미로 궐 내 다른 목조 건축물과는 대비됨을 상징한다. 아울러 보통 전각의 이름을 지을 때는 의미를 부여했지만, 석조전은 정전이나 침전의 일부가 아니라 그 자체로 하나의 황궁이었기에 굳이 전각처럼 명명하지 않았다.

## 대한제국의 문양

웅장한 석조전에 예쁜 꽃 한 송이가 보인다. 지붕 중앙의 삼각형 합각면에 문양이 크게 새겨져 있다. 오얏꽃이다. 오얏꽃은 자두나무에서 핀다. 하얀 꽃잎에 노란 수술이 달린 모양새 때문에 자칫 매화꽃 또는 벚꽃으로 착각할 수도 있지만, 대한제국 시기에는 나라를 상징하는 문양이었다. 조선을 건국한 태조와 역대 왕들의 성씨인 '오얏 리(李)'에서 그 상징성을 따온 것이다. 대한제국이 독립국임을 알리고 외세의 내정간섭에서 벗어나고자 하는 의지를 드러낸 것이다. 일제는 이 문양을 제국의 상징보다는 일본 천황 아래에 있는 여러 가문 중 하나를 나타내는 기호로 그 의미를 깎아내렸다. 올곧게 자리를 지키고 있는 오얏꽃을 여기저기에서 찾아보기를.

### 다채롭게 보기

맞은편 벤치에서만 보고 가면 참 아쉬운 것이 석조전이다. 자세히 보면 더 현란한 공간이 석조전이니 아래 방법 중 하나를 택해서 석조전의 매력을 제대로 느껴 보기를 바란다. 첫 번째는 외부 복도를 거니는 것이다. 복도를 거닐다 보면 1층의 화려한 유리창을 가까이 볼 수 있고, 웅장한 기둥과 복도길 사이에서 덕수궁의 주변 풍경을 다채롭게 담을 수 있다. 두 번째는 내부 관람이다. 덕수궁에도 해설 프로그램이 있어서 석조전 안을 구석구석 둘러볼 수 있다. 석조전을 중심으로 한 대한제국의 역사 해설을 들으며 1, 2층의 장식을 자세히 들여다볼 수 있다. 잘 보존돼 있는 서양식 가구도 있고, 사진 자료를 바탕으로 대한제국 당시 모습을 재현해 놓았기에 백여 년 전 덕수궁에 와 있는 듯한 느낌을 받을 수 있다. 보존을 위해 슬리퍼를 신고 들어가니 마음가짐도 덩달아 조심스러워진다. 세 번째 방법은 계절 변화 때마다 찾아오는 것이다. 덕수궁의 진면모를 보고 싶은 이에게 가장 추천하는 방법이다. 봄에는 매화, 살구, 오얏꽃이, 여름에는 배롱나무의 백일홍이, 가을에는 노란 은행잎이, 겨울에는 사철나무들이 궁궐의 풍경을 다채롭게 만든다.

중화전 & 중화문  석조전  돈덕전

# 04  돈덕전 惇德殿

### The NEW

　2023년 9월 26일, 덕수궁 전각 한 채가 복원 완료되었다. 정식으로 관람객을 맞기 시작했다. 2016년부터 발굴, 조사, 복원의 지난한 과정을 거쳤기에 더욱 반가웠다. 덕수궁에 지은 서양식 전각 중 하나로 고종 즉위 40주년 경축 예식 연회장으로 지어졌다. 외교 사절단을 맞는 곳이었으니 청와대로 치면 영빈관 역할이었다. 서양 열강과 대등한 근대국가로서의 모습과 주권을 잃지 않겠다는 의지를 보여 주기 위함이었다. 외부 모습은 설계 자료를 바탕으로 복원했으나 내부는 남은 기록이 부족하여 당시의 모습을 살리기 힘들었다. 논의 끝에 내부는 대한제국 외교 역사를 살펴보는 전시 공간이 되었다. 아쉽긴 하지만 문화유산 복원에 새로운 방향을 모색하는 중이라고 하니 앞으로 남은 궁궐 복원에 응원을 보태 본다.

🔊　돈덕(惇德)은 『서경(書經)』의 글귀 '덕이 있는 이를 도탑게 하고, 어진 이를 믿는다'에서 인용한 것이다. 서양식 2층 건물로 외국 공사를 접대하는 공간으로 사용하였다. 대한제국의 2대 황제 순종은 1907년 7월 돈덕전에서 즉위식을 거행했다.

# 05 즉조당卽阼堂 & 준명당浚明堂

**운각**

　다락집복도(운각)로 연결돼 있는 두 전각은 중
화전 뒤편에서 멀리 보면 한눈에 담아 볼 수 있다. 고종
의 막내딸인 덕혜의 유치원으로도 사용했던 준명당과,
중화전이 세워지기 전 나라의 중심 전각이었던 즉조당
이 나란히 서 있다. 독특한 궁궐 구조를 엿볼 수 있다.

준명(浚明)의 뜻은 '다스려 밝힌다' 또는 '다스리는 이치가 맑고 밝다'이다. 『서경』에서
인용되었다. 준명당은 1904년 덕수궁 대화재 이후 재건하는 과정에서 세운 건물로, 고종은
준명당을 간택을 위하여 드나드는 처자들의 출입 장소나 영정이나 능을 살핀 신하들을 만나는
장소로 사용했다.

🔊 　즉조(卽阼)는 즉위와 같은 말로 인조가 이곳에서 왕위에 오른 것을 기념하기 위해 붙인
이름이다. 임진왜란 때 선조가 고생한 것을 상기하려 임금들은 경운궁을 이따금 찾았다. 그중 가장
많이 관심을 보인 왕은 영조였다. 그는 인조가 즉위한 건물에 현판을 달았는데, 거기서 즉조당이
유래되었다. 주로 임금의 침전으로 쓰였다.

# 06 석어당 昔御堂

## 덕수궁의 시작

중화전을 거닐면서 주변에 산이 보이지 않는 덕수궁의 지형적 특징을 이야기했었다. 사실 그 이야기는 여기서 꺼내야 더욱 흥미진진해진다. 석어당이 덕수궁의 시작점이기 때문이다. 임진왜란이 벌어지던 때 피란 갔던 선조가 다시 한양으로 돌아왔는데 당시 사용하던 궁궐들이 모두 불에 타 버려서 지낼 곳이 마땅치 않았다. 그나마 한양에 조선 9대 왕 성종의 형 월산대군의 사저와 그 주변의 민가가 남아 있어 이곳을 임시 궁궐 '시어소時御所'로 삼고 선조가 머물기 시작했다. 선조는 이곳에서 생을 마감할 때까지 정사를 돌보며 지냈다. 훗날 광해군이 즉위한 후 창덕궁을 복원하여 이어하면서 선왕이 머물던 곳에 '경운궁'이라는 이름을 내렸다. 고종이 이곳에서 대한제국을 선포할 때도 급박했던 당시 상황에 맞춰 택한 곳이었기에 배산임수 같은 입지를 고려할 여유가 없었던 것이다.

🔊 석어당(昔御堂)은 '옛 석', '어거할 어', '집 당'이란 의미의 한자를 쓴다. '옛 임금이 머물던 집'이라는 뜻으로 임진왜란으로 한양을 떠났던 선조가 1593년에 돌아왔을 때 머물던 건물이라는 의미로 붙여진 이름이다. 덕수궁에서 유일한 2층 목조 건축물이다.

# 07 덕홍전 德弘殿

**봄과 어울림**

외국 사신이나 내신들을 접견하는 공간이었지만 지금은 담 너머 식
어당 살구나무와 함께 하나의 아름다운 풍경을 선물한다. 시간은 이
렇게 물색없는 조화를 만들어내기도 한다.

🔈 덕홍(德弘)은 '덕이 넓고 크다'라는 뜻이다. 덕수궁 함녕전 서쪽에 위치한 전각으로 고종의
접견실로 사용되었다.

# 08  정관헌静觀軒

### 추측만이 무성한 곳

현판도 없는 전각을 보자니 마치 가만히 서서 세계 여행을 다니는 기분이다. 서양식 정자이지만, 동양적인 요소가 가미돼 있다. 그런데 이 건물이 정확하게 언제 지어졌는지 알 수가 없다. 고종이 대한제국을 선포하면서 덕수궁으로 입궁했을 때 지은 서양식 건물로 추정할 뿐이다. 또한 전각의 현재 분위기 탓에 느닷없이 고종과 커피 이야기가 회자되기도 한다. 하지만 이 또한 정확한 기록은 없다. 이럴 때는 전각 지붕 한 귀퉁이에 CCTV가 있었다면 참 좋았겠다 싶다. 집채만 한 파도가 쉴 없이 몰아치던 시기였고, 일본의 간섭이 있었기에 기록이 온전히 남겨지기 어려웠을 것이다. 지나가기 전에 옛사람들의 발자취를 떠올려보는 것으로 아쉬움을 달래 보자.

🔊 정관(静觀)은 '고요하게 바라본다'라는 뜻이다. 서양풍의 건축 양식에 다양한 건축재를 사용하고 전통 목조 건축 요소가 가미된 독특한 모습을 하고 있다.

# 09  함녕전咸寧殿

## 고종의 마지막

고종의 마지막을 기억하는 곳. 고종은 1919년 1월 21일 이 곳 함녕전에서 승하했다. 고종은 어떤 인물이었을까? 조선의 26대 왕이자, 대한제국의 1대 황제. 재위 초반은 아버지 흥선대원군의 섭정 기간이었고, 중반은 명성황후를 중심으로 한 세도 정치기였고, 후반은 세계열강들과의 고군분투기였다. 왕으로 즉위한 다음부터 삶을 마감하는 순간까지 나라를 이끌어가기 힘든 상황 속에 놓여 있었다. 그럼에도 고종은 1897년 대한제국을 선포하고 자주적인 독립 국가로 이끌기 위해 광무 개혁을 단행했다. 외세를 이용해 외세를 막으려고 했던 지난날을 반성하고 변화를 추진했다. 최초의 헌법을 반포하고, 공업 육성을 위해 정부에서 직접 공장을 세우고, 유학생을 해외에 파견했다. 전기를 들여오고, 전차와 전등으로 새로운 세상이 도래했다는 것을 백성들에게 일깨우고자 했다. 하지만 1904년 러일전쟁에서 일본이 승리함에 따라 계획이 물거품이 돼 버렸다. 세계 속 대한을 알리려 했던 황제였지만, 일본에 의해 폐위된 한 사람. 열강의 틈바구니에서 온전히 그 자리를 지키고자 했지만 결국 비극을 바라봐야 했던 인물을 떠올려본다.

🔊 함녕(咸寧)은 『주역(周易)』의 한 구절에서 따온 것으로 '모두가 평안하다'라는 뜻이다. 고종이 일상을 보내던 침전이었다.

### 고종과 궁궐

　고종은 궁궐과 인연이 많은 왕이었다.
창덕궁에서 즉위했고, 경복궁을 다시 지었고, 덕
수궁에서 생을 마감했다. 세 궁궐을 모두 다녀야
고종이라는 인물의 퍼즐을 조금은 맞출 수 있다.

고요함은 또 다른 시선의 문을 열어준다.
사람들의 눈길이 잘 닿지 않는
침전 툇마루 아래에 걸터앉아,
궁궐과 풍경이 우리에게
건네는 이야기에 주목해 본다.

덕수궁

## Thanks to

# 마음 한편

다양한 방식으로 궁궐의 역사와 문화를 전달하는 일을 해 왔기에 이번 출간 작업이 가능했습니다. 함께 길을 걸어 온 가이드라이브와 저의 역사 여행을 좋아해 주시는 팬 분들께 이 책을 바치고 싶습니다.

궁궐의 아름다움을 공유하고 싶어 SNS에 사진을 올렸던 순간들이 모여 여기에 이르렀습니다. 공감해 주시는 분들이 없었다면 가능하지 못했을 겁니다. 제가 좋아하는 여행과 궁궐, 사진이 모여 책이라는 결과물로 탄생할 수 있게끔 먼저 손을 내밀어 주신 효형출판 송형근 팀장님께 감사 인사를 전합니다. 저만의 시선을 사진으로 담는 데에는 절대적으로 많은 시간이 필요했습니다. 그 시간을 허락해 주는 것뿐만 아니라 응원을 아끼지 않았던 나의 가족 SSB, SMS, SYB에게 무한한 고마움과 사랑을 표합니다.

# 궁궐과 풍경

조선이 남긴 아름다움을 찾아 떠나는 시간여행

1판 1쇄 인쇄 | 2024년 3월 10일
1판 1쇄 발행 | 2024년 3월 30일

**지은이** 안희선

**펴낸이** 송영만
**책임편집** 송형근
**디자인** 조희연
**마케팅** 최유진

**펴낸곳** 효형출판
**출판등록** 1994년 9월 16일 제406-2003-031호
**주소** 10881 경기도 파주시 회동길 125-11(파주출판도시)
**전자우편** editor@hyohyung.co.kr
**홈페이지** www.hyohyung.co.kr
**전화** 031 955 7600

© 안희선, 2024
ISBN 978-89-5872-220-5 03980

값 24,000원